全国高等职业教育"十三五"规划教材

C#程序设计及应用教程

主　编　李从宏
参　编　赵　蕾

机械工业出版社

本书是一本专门介绍基于串口通信和网络通信、可对电子系统进行数据采集与控制的软件设计教程，其编程语言为 C#。本书主要涉及内容有 C#编程基础、WinForm 窗体式应用程序设计、串口通信软件设计、多线程与网络编程软件设计、数据库编程软件设计、应用程序的打包与安装部署技术。

本书提供了大量的项目供读者实践、练习，以达到举一反三的效果。其中实训项目配置了丰富、详细的操作步骤截图，让读者轻松掌握实现过程。有些项目还有提升空间，读者可根据所学知识使程序更具有健壮性。

本书可供高职高专院校电子信息工程技术专业、应用电子技术专业、物联网专业、通信类专业、机电类专业等相关专业学生使用，同时也可作为工程技术人员在开发项目时的参考书。

本书配有授课电子课件，需要的教师可登录 www.cmpedu.com 免费注册，审核通过后下载，或联系编辑索取（QQ：1239258369，电话：010 - 88379739）。

图书在版编目（CIP）数据

C#程序设计及应用教程/李从宏主编. —北京：机械工业出版社，2017.8

全国高等职业教育"十三五"规划教材

ISBN 978-7-111-57238-1

Ⅰ. ①C… Ⅱ. ①李… Ⅲ. ①C 语言 – 程序设计 – 高等职业教育 – 教材 Ⅳ. ①TP312.8

中国版本图书馆 CIP 数据核字（2017）第 177392 号

机械工业出版社（北京市百万庄大街 22 号　邮政编码 100037）
策划编辑：王　颖　责任编辑：王　颖
责任校对：佟瑞鑫　责任印制：李　昂
北京宝昌彩色印刷有限公司印刷
2017 年 8 月第 1 版第 1 次印刷
184mm×260mm・13.5 印张・324 千字
0001—3000 册
标准书号：ISBN 978 - 7 - 111 - 57238 - 1
定价：39.90 元

凡购本书，如有缺页、倒页、脱页，由本社发行部调换

电话服务　　　　　　　　　　　网络服务
服务咨询热线：010 - 88379833　　机 工 官 网：www.cmpbook.com
读者购书热线：010 - 88379649　　机 工 官 博：weibo.com/cmp1952
　　　　　　　　　　　　　　　　教育服务网：www.cmpedu.com
封面无防伪标均为盗版　　　　金　书　网：www.golden - book.com

全国高等职业教育规划教材
电子类专业编委会成员名单

主　任	曹建林					
副主任	张中洲	张福强	董维佳	俞　宁	杨元挺	任德齐
	华永平	吴元凯	蒋蒙安	梁永生	曹　毅	程远东
	吴雪纯					

委　员　（按姓氏笔画排序）

于宝明	王卫兵	王树忠	王新新	牛百齐	吉雪峰
朱小祥	庄海军	刘　松	刘　勇	孙　刚	孙　萍
孙学耕	李菊芳	杨打生	杨国华	何丽梅	邹洪芬
汪赵强	张静之	陈子聪	陈东群	陈必群	陈晓文
邵　瑛	季顺宁	赵新宽	胡克满	姚建永	聂开俊
贾正松	夏西泉	高　波	高　健	郭　兵	郭　勇
郭雄艺	黄永定	章大钧	彭　勇	董春利	程智宾
曾晓宏	詹新生	蔡建军	谭克清	戴红霞	

秘书长　胡毓坚

出 版 说 明

《国务院关于加快发展现代职业教育的决定》指出：到2020年，形成适应发展需求、产教深度融合、中职高职衔接、职业教育与普通教育相互沟通，体现终身教育理念，具有中国特色、世界水平的现代职业教育体系，推进人才培养模式创新，坚持校企合作、工学结合，强化教学、学习、实训相融合的教育教学活动，推行项目教学、案例教学、工作过程导向教学等教学模式，引导社会力量参与教学过程，共同开发课程和教材等教育资源。机械工业出版社组织全国60余所职业院校（其中大部分是示范性院校和骨干院校）的骨干教师共同策划、编写并出版的"全国高等职业教育规划教材"系列丛书，已历经十余年的积淀和发展，今后将更加结合国家职业教育文件精神，致力于建设符合现代职业教育教学需求的教材体系，打造充分适应现代职业教育教学模式的、体现工学结合特点的新型精品化教材。

"全国高等职业教育规划教材"涵盖计算机、电子和机电3个专业，目前在销教材300余种，其中"十五""十一五""十二五"累计获奖教材60余种，更有4种获得国家级精品教材。该系列教材依托于高职高专计算机、电子、机电3个专业编委会，充分体现职业院校教学改革和课程改革的需要，其内容和质量颇受授课教师的认可。

在系列教材策划和编写的过程中，主编院校通过编委会平台充分调研相关院校的专业课程体系，认真讨论课程教学大纲，积极听取相关专家意见，并融合教学中的实践经验，吸收职业教育改革成果，寻求企业合作，针对不同的课程性质采取差异化的编写策略。其中，核心基础课程的教材在保持扎实的理论基础的同时，增加实训和习题以及相关的多媒体配套资源；实践性较强的课程则强调理论与实训紧密结合，采用理实一体的编写模式；涉及实用技术的课程则在教材中引入了最新的知识、技术、工艺和方法，同时重视企业参与，吸纳来自企业的真实案例。此外，根据实际教学的需要对部分课程进行了整合和优化。

归纳起来，本系列教材具有以下特点。

1) 围绕培养学生的职业技能这条主线来设计教材的结构、内容和形式。

2) 合理安排基础知识和实践知识的比例。基础知识以"必需、够用"为度，强调专业技术应用能力的训练，适当增加实训环节。

3) 符合高职学生的学习特点和认知规律。对基本理论和方法的论述容易理解、清晰简洁，多用图表来表达信息；增加相关技术在生产中的应用实例，引导学生主动学习。

4) 教材内容紧随技术和经济的发展而更新，及时将新知识、新技术、新工艺和新案例等引入教材。同时注重吸收最新的教学理念，并积极支持新专业的教材建设。

5) 注重立体化教材建设。通过主教材、电子教案、配套素材光盘、实训指导和习题及解答等教学资源的有机结合，提高教学服务水平，为高素质技能型人才的培养创造良好的条件。

由于我国高等职业教育改革和发展的速度很快，加之我们的水平和经验有限，因此在教材的编写和出版过程中难免出现问题和疏漏。我们恳请使用这套教材的师生及时向我们反馈质量信息，以利于我们今后不断提高教材的出版质量，为广大师生提供更多、更适用的教材。

机械工业出版社

前　　言

随着物联网技术的发展，"互联网+"时代的到来，根据电子产品的智能化、远程化等技术发展的需求，编者决定编写《C#程序设计及应用教程》。本书采用项目式教学法，运用了大量的项目案例，强调学中做。

通过本书的学习，读者可以对软件的整个生命周期有一个较为清晰的认识，通过大量实际项目的学习和实践，读者能快速掌握电子系统中数据采集与控制的上位机软件设计技术。

本书的某些例子或项目还给读者留了一定的提升空间，让读者在掌握相关章节内容后能进行一定程度的改进，使软件更具有完备性和健壮性。

完成本书所有内容共需要78课时，可应用于48课时、64课时和78课时三种类型的教学中。推荐的内容安排为：48课时学习第1章~第7章及第11章的内容；64课时学习本书所有章节，但在课堂上第7章只做两个项目、第10章只做1个项目，其他项目读者可以课后自己学习；78课时学习所有内容。

本书由李从宏、赵蕾编写，共有11章内容，其中：第1~6章、第8~11章和附录由李从宏编写；第7章由赵蕾编写。第1~6章讲解了能满足一般应用程序设计所需的C#编程基础、文件操作及窗体式应用程序设计中常见控件；第7章讲解了基于串口通信的数据采集与控制的软件设计方法；第8章讲解了基于网络通信的数据采集与控制软件的设计方法；第9章讲解了C#数据库编程的软件设计方法；第10章进行综合项目实战开发，引入了曲线显示数据技术、将数据保存到Excel文件和数据库中等相关技术；第11章讲解了应用程序的打包、安装部署技术。

在本书编写过程中，编者得到了南京工业职业技术学院电子信息专业赵秋，计算机专业张以利，物联网专业周昱英、徐丽萍、何智勇，以及江苏海事职业技术学院何金灿等老师的指导，提出了宝贵的修改意见，在此一并致谢。

本书的建议课时安排为：

章节	讲解/上机	课时量	备注（章节课时安排）
第1章	理论讲解	2	1.1~1.4：2课时
	上机	2	1.5
第2章	理论讲解	4	1) 2.1~2.3：2课时；2) 2.4~2.6：2课时
	上机	2	2.7
第3章	理论讲解	4	1) 3.1~3.3：2课时；2) 3.4~3.7：2课时
	上机	2	3.8
第4章	理论讲解	4/6	1) 4.1~4.3：2课时；2) 4.4~4.5：2课时；3) 4.6~4.8：2课时。备注：若不学习网络编程，则4.5.2、4.6、4.7均可以不讲
	上机	2	4.9
第5章	理论讲解	4	1) 5.1~5.2：2课时；2) 5.3~5.5：2课时
	上机	2	5.6

(续)

章节	讲解/上机	课时量	备注（章节课时安排）
第6章	理论讲解	6	1）6.1~6.2：2课时；2）6.3~6.4：2课时；3）6.5~6.6：2课时；备注：花10分钟讲解OpenFile对话框等内容，第6.7.2节安排在课后完成
	上机	2	6.7.1
第7章	项目1	4	对于48课时的读者而言，做3个项目，第8~10章的内容可以不学习，直接学习第11章的内容。64课时的可选2个项目；78课时的可选3个项目；建议48课时的课后学习项目10.2
	项目2	4	
	项目3	4	
第8章	理论讲解	6	1）8.1~8.2：2课时；2）8.3：2课时；3）：8.4~8.5：2课时
	上机	6	8.6~8.8每个项目2课时，64课时的可选2个项目
第9章	理论讲解	2	9.1~9.4
	上机	2	9.5
第10章	项目实战	12	每个项目4课时，64课时的可选1个项目。其中项目1和项目2可选一个项目做
第11章	理论讲解	2	必讲内容

由于编者水平有限，书中难免存在不妥和疏漏之处，恳请广大读者批评指正。

编　者

目 录

出版说明
前言
第1章 .NET 环境及 C#编程规范 ... 1
1.1 .NET 框架简介 ... 1
1.1.1 公共语言运行时（CLR）... 2
1.1.2 .NET 框架的类库 ... 3
1.2 Visual Studio. NET 2010 ... 3
1.2.1 Visual Studio. NET 2010 简介与安装 ... 3
1.2.2 使用 Visual Studio. NET 2010 开发环境 ... 5
1.2.3 Visual Studio. NET 中创建和编译窗体式应用程序简介 ... 6
1.2.4 Visual Studio. NET 中创建和编译控制台应用程序 ... 8
1.2.5 第一个控制台应用程序 ... 9
1.2.6 认识控制台应用程序结构 ... 10
1.2.7 C#中常用的命名空间 ... 10
1.3 C#编程规范 ... 10
1.3.1 代码书写规则 ... 10
1.3.2 命名规范 ... 11
1.4 总结 ... 11
1.5 实训 ... 12
1.6 习题 ... 14

第2章 C#语法基础 ... 15
2.1 变量和常量 ... 15
2.1.1 变量 ... 15
2.1.2 常量 ... 16
2.2 基本数据类型 ... 16
2.2.1 值类型 ... 16
2.2.2 引用类型 ... 17
2.2.3 隐式和显式数值转换 ... 18
2.2.4 拆箱和装箱 ... 19
2.2.5 枚举类型 ... 20
2.3 数组 ... 21
2.3.1 一维数组 ... 21
2.3.2 二维数组 ... 22
2.4 运算符和表达式 ... 22
2.4.1 运算符的类别 ... 22
2.4.2 运算符的优先级 ... 25
2.5 语句 ... 25
2.5.1 选择语句 ... 25
2.5.2 循环语句 ... 29
2.5.3 跳转语句 ... 33
2.6 总结 ... 34
2.7 实训 ... 34
2.8 习题 ... 36

第3章 面向对象编程初步 ... 37
3.1 类和对象 ... 37
3.1.1 类的本质与定义 ... 37
3.1.2 类的使用 ... 38
3.2 构造方法和析构方法 ... 39
3.2.1 构造方法 ... 39
3.2.2 析构方法 ... 41
3.3 方法 ... 41
3.3.1 静态方法 ... 41
3.3.2 非静态方法 ... 41
3.4 方法重载 ... 42
3.4.1 不同数量参数的方法重载 ... 43
3.4.2 不同类型参数的方法重载 ... 43
3.5 使用性质封装数据 ... 44
3.5.1 属性的定义 ... 44
3.5.2 属性的分类 ... 45
3.6 命名空间 ... 46
3.7 总结 ... 48
3.8 实训 ... 48
3.8.1 在不同的项目中创建命名空间 ... 48
3.8.2 在同一个项目中创建不同命名空间 ... 52
3.9 习题 ... 53

第4章 C#高级编程 ... 54
4.1 类的继承 ... 54

VII

4.1.1 类的继承定义 ································· 54	5.7 习题 ·· 94
4.1.2 子类的构造函数 ································· 56	**第6章 基于WinForm的Windows应用**
4.1.3 抽象类与密封类 ································· 57	**程序开发** ·· 95
4.2 接口 ·· 59	6.1 控件的属性和事件 ····························· 95
4.2.1 接口的定义与特点 ····························· 59	6.2 常用的控件及应用（一） ··············· 97
4.2.2 接口继承 ·· 61	6.2.1 窗体（Form） ·································· 97
4.2.3 显示接口实现 ································· 63	6.2.2 标签控件（Label） ·························· 98
4.3 多态性 ·· 64	6.2.3 文本控件（TextBox） ······················ 98
4.4 类型转换 ·· 68	6.2.4 按钮控件（Button） ························ 99
4.4.1 用Convert类进行显式转换 ············· 68	6.2.5 列表框控件（ListBox） ···················· 99
4.4.2 异常处理 ·· 69	6.2.6 组合框控件（ComboBox） ·············· 100
4.4.3 类的引用转换 ································· 71	6.2.7 应用程序示例 ································ 101
4.5 集合与索引器 ································· 72	6.3 常用的控件及应用（二） ··············· 103
4.5.1 集合类ArrayList ···························· 72	6.3.1 分组控件（GroupBox） ···················· 103
4.5.2 索引器 ·· 74	6.3.2 单选按钮控件（RadioButton） ········ 104
4.6 委托 ·· 76	6.3.3 复选按钮控件（CheckBox） ············ 105
4.6.1 定义委托 ·· 76	6.3.4 图片控件（PictureBox） ·················· 106
4.6.2 实例化委托 ····································· 76	6.3.5 定时器控件（Timer控件） ············· 107
4.6.3 调用委托 ·· 77	6.3.6 状态栏控件（StatusStrip） ··············· 107
4.7 事件 ·· 78	6.3.7 列表视图控件（ListView） ············· 108
4.7.1 定义事件 ·· 78	6.3.8 ListViewItem类 ······························· 109
4.7.2 订阅事件 ·· 79	6.4 菜单设计 ·· 111
4.7.3 引发事件 ·· 79	6.5 项目实践——设计记事本软件 ······· 112
4.8 总结 ·· 80	6.5.1 项目要求 ·· 112
4.9 实训 ·· 81	6.5.2 打开文件对话框
4.10 习题 ·· 81	OpenFileDialog类 ······················ 112
第5章 文本文件操作 ····························· 82	6.5.3 保存文件对话框
5.1 System.IO命名空间 ························ 82	SaveFileDialog类 ······················ 112
5.2 用于文件操作的类 ·························· 83	6.5.4 字体对话框FontDialog类 ··············· 112
5.2.1 File类 ··· 83	6.5.5 消息对话框MessageBox类 ············· 113
5.2.2 FileInfo类 ······································· 83	6.5.6 MessageBoxButtons枚举 ·················· 113
5.2.3 FileStream类 ··································· 84	6.5.7 MessageBoxIcon枚举 ······················· 113
5.3 目录和路径操作类 ·························· 87	6.5.8 设计界面 ·· 114
5.3.1 Directory类 ····································· 87	6.5.9 功能实现编程 ································ 115
5.3.2 DirectorInfo类 ································· 87	6.6 总结 ·· 116
5.3.3 Path类 ·· 90	6.7 实训 ·· 117
5.4 读写文本文件 ································· 90	6.7.1 改进记事本软件功能 ······················ 117
5.4.1 StreamWriter类 ······························· 90	6.7.2 设计一个简单串口通信界面 ·········· 117
5.4.2 StreamReader类 ······························ 92	6.8 习题 ·· 119
5.5 总结 ·· 93	**第7章 基于C#的开发串口通信程序** ··· 120
5.6 实训 ·· 93	7.1 项目1 简单串口通信软件设计 ····· 120

7.1.1 实验平台简介 …… 120
7.1.2 设计界面 …… 121
7.1.3 项目功能实现 …… 122
7.1.4 项目总结 …… 123
7.1.5 实训 参数可改的串口通信软件设计 …… 124
7.2 项目2 多个LED灯控制软件设计 …… 126
  7.2.1 串口通信协议 …… 126
  7.2.2 设计界面 …… 127
  7.2.3 项目功能实现 …… 128
  7.2.4 项目总结 …… 131
  7.2.5 实训 高亮LED亮度调节控制软件设计 …… 131
7.3 项目3 数字电压计数据采集（不带命令）控制软件设计 …… 135
  7.3.1 串口通信协议 …… 135
  7.3.2 设计界面 …… 136
  7.3.3 项目功能实现 …… 136
  7.3.4 项目总结 …… 137
  7.3.5 实训 带命令的数字电压计数据采集软件设计 …… 137
  7.3.6 项目实践——温度湿度数据采集上位机软件设计 …… 139
7.4 习题 …… 140

第8章 多线程与网络编程 …… 141

8.1 线程编程 …… 141
  8.1.1 进程和线程 …… 141
  8.1.2 多线程 …… 142
  8.1.3 使用线程的好处 …… 142
  8.1.4 Thread类 …… 142
  8.1.5 ThreadStart委托 …… 143
  8.1.6 ParameterizedThreadStart委托 …… 143
  8.1.7 C#中的多线程应用 …… 143
8.2 TCP简介与通信流程 …… 145
  8.2.1 TCP简介 …… 145
  8.2.2 套接字的TCP通信流程 …… 146
8.3 C#中与TCP编程相关的类 …… 146
  8.3.1 IPAddress类 …… 146
  8.3.2 IPEndPoint类 …… 146
  8.3.3 TcpListener类 …… 146
  8.3.4 TcpClient类 …… 147

8.3.5 NetworkStream类 …… 148
8.3.6 基于TCP的服务器端软件设计 …… 149
8.3.7 基于TCP的客户端软件设计 …… 153
8.4 UDP通信技术 …… 157
  8.4.1 UDP简介 …… 157
  8.4.2 UDP的优缺点 …… 157
8.5 UdpClient类及应用 …… 158
  8.5.1 UdpClient类 …… 158
  8.5.2 基于UdpClient类的软件设计 …… 159
8.6 项目1 基于TCP的LED控制服务器端软件设计 …… 162
  8.6.1 数据通信协议 …… 162
  8.6.2 界面设计 …… 162
  8.6.3 功能实现代码 …… 163
  8.6.4 功能测试 …… 165
8.7 项目2 基于UDP通信的电源数据采集软件设计 …… 166
  8.7.1 数据通信协议 …… 166
  8.7.2 界面设计 …… 166
  8.7.3 功能实现代码 …… 166
  8.7.4 功能测试 …… 168
8.8 项目3 基于TCP Client模式的温度湿度数据采集软件设计 …… 169
  8.8.1 数据通信协议 …… 169
  8.8.2 界面设计 …… 169
  8.8.3 功能实现代码 …… 169
  8.8.4 功能测试 …… 171

第9章 C#中的数据库编程 …… 172

9.1 ADO.NET概述 …… 172
9.2 OleDbConnection类 …… 173
9.3 OleDbCommand类 …… 173
9.4 OleDbDataReader类 …… 174
9.5 常用的数据库操作语句 …… 174
  9.5.1 添加数据（insert into） …… 174
  9.5.2 删除数据（delete） …… 175
  9.5.3 更新数据（update） …… 175
  9.5.4 选择语句（select） …… 175
9.6 数据库编程项目实践 …… 176
  9.6.1 项目需求 …… 176
  9.6.2 界面设计 …… 176
  9.6.3 功能实现与测试 …… 177

9.7 项目总结 …………………………… 178
9.8 总结 ………………………………… 179

第10章 综合项目实践 …………………… 180
10.1 综合项目1 使用曲线图显示电压电流数据（网络通信UDP版） …………………… 180
 10.1.1 项目要求 …………………… 180
 10.1.2 Chart 控件简介 …………… 180
 10.1.3 集合 Axis ………………… 181
 10.1.4 集合 Series 的相关属性 … 181
 10.1.5 集合 Points 的相关方法 … 182
 10.1.6 设计界面 …………………… 183
 10.1.7 功能实现与测试 …………… 183
 10.1.8 项目总结 …………………… 184
10.2 综合项目2 使用曲线图显示电压电流数据（串口通信版） … 184
 10.2.1 项目要求 …………………… 184
 10.2.2 功能实现与测试 …………… 185
10.3 综合项目3 将电压电流数据添加到 Excel 文件中 ………… 187
 10.3.1 项目要求 …………………… 187
 10.3.2 命名空间 Microsoft.Office.Interop.Excel 简介 …………… 187
 10.3.3 功能实现与测试 …………… 188
 10.3.4 项目总结 …………………… 189
10.4 综合项目4 将电压电流数据添加到 Access 文件中 ………… 189
 10.4.1 项目要求 …………………… 189
 10.4.2 功能实现与测试 …………… 190
 10.4.3 项目总结 …………………… 193

第11章 应用程序打包和部署 …………… 194
11.1 应用程序打包的必要性 ……… 194
11.2 应用程序打包和部署示例 …… 194

附录 ……………………………………… 204
附录A 安装实验平台驱动程序 …… 204
附录B STC 版本实验平台固件下载方式 ……………………… 204

参考文献 ………………………………… 206

第1章 .NET 环境及 C#编程规范

.NET 是 Microsoft XML Web Services 平台，.NET 框架开发平台可以允许程序员创建各种各样的应用程序：XML Web 服务、Web 窗体、Win32 GUI 程序、Win32 GUI 应用程序、Windows 服务、实用程序以及独立的组件模块。

Microsoft.NET 框架为开发人员提供的技术比任何以前的微软开发平台提供的技术都要多，比如代码重用、代码专业化、资源管理、多语言开发、安全、部署、管理等。

.NET 平台上的程序设计语言有 C#、C++.NET、VB.NET 等，其中 C#是专门为.NET 平台开发的语言，该语言语法简洁美观，易于上手，也是软件企业流行的一种编程语言。

本章的主要内容有：
1) 了解.NET 框架。
2) 了解 Visual Studio 2010 开发环境的安装。
3) 了解基于 C#编程的控制台应用程序框架。
4) 了解基于 C#编程的窗体式应用程序设计过程。
5) 掌握 C#的编程规范。

1.1 .NET 框架简介

.NET 框架是微软公司推出的一个全新的编程平台，目前的版本是 4.0。.NET Framework 是一个功能非常丰富的平台，可开发、部署和执行分布式应用程序。在安装 Visual Studio 2010 的同时，.NET Framework 4.0 也被安装到本地计算机中。

（1）使用.NET Framework 可开发的应用程序和服务类型
1) 控制台应用程序。
2) Windows GUI 应用程序（Windows 窗体）。
3) ASP.NET 应用程序。
4) XML Web Services。
5) Windows 服务。

（2）.NET Framework 的两个主要组件
1) 公共语言运行库。
2) .NET Framework 类库。

.NET Framework 提供了许多开发人员可重用的基础类，包括线程、文件 I/O、数据库支持、XML 分析和数据结构等，并且这些类库可用于支持所有.NET Framework 的编程语言，如 VB.NET、C#、C++.NET，这些语言实际上使用的是.NET 提供的统一的基础类。

.NET 平台的整体结构如图 1-1 所示。

.NET Framework 是架构在 Windows 平台上的一个虚拟的运行平台，可以实现在不同平台下使用符合 CLS（Common Language Specification，公共语言规范）的.NET 语言来创建

ASP.NET 或 Windows Form 应用程序的功能，因而可以说，C#是一种可以跨平台的语言。

C#是专门为与微软公司的.NET Framework 一起使用而设计的一种语言，C#编写的程序代码先通过 C#编译器编译 Microsoft 中间语言（Microsoft Intermediate Language，MSIL），在执行 MSIL 前，由.NET 框架的即时（Just-In-Time，JIT）编译器将源代码对应的 MSIL 转换为适合特定 CPU 结构的本机代码，以供操作系统执行。

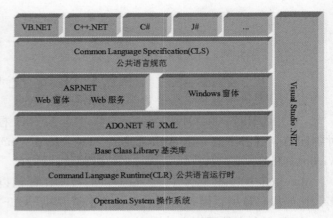

图 1-1　.NET 平台的整体结构

1.1.1　公共语言运行时（CLR）

.NET 框架位于操作系统之上，它的基础是公共语言运行时（Common Language Runtime，CLR），CLR 提供了程序的执行环境。CLR 负责内存管理、线程执行、代码执行、代码安全验证以及编译等核心系统服务。CLR 的基本原则就是代码管理，用.NET 框架编写的代码是托管代码，它在 CLR 的控制下运行；相反，不在 CLR 控制下运行的代码是非托管代码。

CLR 结构图如图 1-2 所示。

可以将运行库看作一个在执行时管理代码的代理，它提供内存管理、线程管理和远程处理等核心服务，并且还强制实施严格的类型安全以及可提高安全性和可靠性的其他形式的代码准确性。

在 CLR 执行编写好的源代码之前，需要编译它们（在 C#中或其他语言中）。在.NET 中，编译分为两个阶段：

1）把源代码编译为 Microsoft 中间语言（IL）。

2）CLR 把 IL 编译为平台专用的代码。

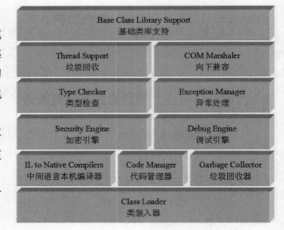

图 1-2　CLR 结构图

这个两阶段的编译过程非常重要，因为 Microsoft 中间语言（托管代码）是提供.NET 的许多优点的关键。

C#所具有的许多特点都是由 CLR 提供的，如类型安全（Type Checker）、垃圾回收（Garbage Collector）、异常处理（Exception Manager）、向下兼容（COM Marshaler）等，具体来说，.NET 上的 CLR 为开发者提供如下服务。

（1）平台无关

CLR 实际上是提供了一项使用了虚拟机技术的产品，它构建在操作系统之上，并不要求程序的运行平台是 Windows 系统，只要是能够支持它的运行库的系统，都可以在上面运行 .NET 应用。

（2）跨语言集成

CLR 允许程序员用任何语言开发程序，用这些语言开发的代码，可以在 CLR 环境下紧密无缝地进行交叉调用。例如，可以用 VB.NET 声明一个基类，然后在 C#代码中直接使用该类。

（3）自动内存管理

CLR 提供了垃圾收集机制，可以自动管理内存。当对象或变量的生命周期结束后，CLR 会自动释放它们占用的内存。

（4）跨语言应用

当编程人员在用自己喜欢的编程语言写源代码时，源代码在被转化成媒介语言（IL）之前，先被编译成了一个独立的可执行单元（PE）。这样，无论你是一个 VB.NET 程序员，或一个 C#程序员，甚至是使用托管的 C++的程序员，只要被编译成 IL 就是同等的。

（5）GC

公共语言运行库垃圾回收器，用于回收不需要的对象，压缩使用中的内存。

1.1.2 .NET 框架的类库

.NET Framework 的另一个主要组件是类库，它是一个综合性的、面向对象的、与公共语言运行库紧密集成的可重用类型集合，您可以使用它开发多种应用程序，这些应用程序包括传统的命令行或图形用户界面（GUI）应用程序，也包括基于 ASP.NET 所提供的最新创新的应用程序（如 Web 窗体和 XML Web Services）。

1.2 Visual Studio.NET 2010

1.2.1 Visual Studio.NET 2010 简介与安装

Visual Studio.NET 开发平台有多个版本，Visual Studio.NET 2010（简称为 VS2010）是一个对硬件、系统要求比较适中的版本，也能满足一般计算机软件设计的需求。在安装 Visual Studio 2010 的同时，.NET Framework 4.0 也被安装到本地计算机中。

在安装 Visual Studio 2010 之前，首先了解安装 Visual Studio 2010 所需的必备条件，检查计算机的软硬件配置是否满足安装要求，Visual Studio 2010 开发环境的要求如表 1-1 所示。

表 1-1　Visual Studio 2010 的安装要求

软硬件要求	描　　述
处理器	600MHz 处理器，建议使用 1GHz 处理器
RAM	192MB，建议使用 256MB 内存
可用硬盘空间	如果不安装 MSDN，系统驱动器上需要 1GB 的可用空间，安装驱动器上需要 2GB 的可用空间；如果安装 MSDN，则系统驱动器上需要 1GB 的可用空间，完整安装 MSDN 的安装驱动器上需要 2.8GB 的可用空间，默认安装 MSDN 的安装驱动器上需要 1.8GB 的可用空间

软件安装步骤如下。

Step1 到微软官方网站下载 Visual Studio 2010 安装程序，双击 setup.exe 可执行文件，应用程序会自动跳转到图 1-3 所示的"Visual Studio 2010 安装程序"界面，并单击"安装 Microsoft Visual Studio 2010"。

Step2 安装程序收集完相关信息后，选择"下一步"，接受许可协议，再单击"下一步"，到选择安装模式和安装目录界面，安装模式共有"完全"和"自定义"两种模式，建议使用自定义模式安装以节约磁盘空间；安装目录建议选择 D 盘以保证 C 盘的容量，并单击"下一步"，如图 1-4 所示。

图 1-3 "Visual Studio 2010 安装程序"界面

Step3 选择安装内容。如图 1-5 所示，为了节约磁盘空间，建议只安装图 1-5 中带"√"的选项，并单击"安装"。

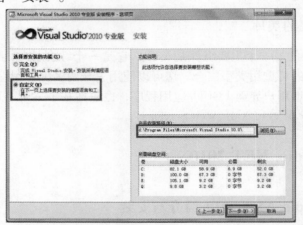

图 1-4 安装模式和安装路径选择

图 1-5 选择安装内容

Step4　安装所选择的内容，直到重新启动计算机，VS2010 安装结束，如图 1-6 所示。

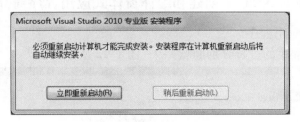

图 1-6　重新启动计算机

1.2.2　使用 Visual Studio.NET 2010 开发环境

进入 VS2010 开发环境，过程分别如图 1-7 和图 1-8 所示。

图 1-7　进入 VS2010 开发环境操作一

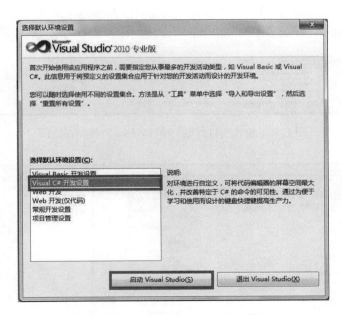

图 1-8　进入 VS2010 开发环境操作二

Visual Studio.NET 中可以开发多种应用程序，在本书中只介绍窗体式应用程序和控制台应用程序的创建方法。

1.2.3 Visual Studio.NET 中创建和编译窗体式应用程序简介

（1）创建窗体式应用程序

创建窗体式应用程序的过程分别如图 1-9～图 1-12 所示。

图 1-9 新建项目

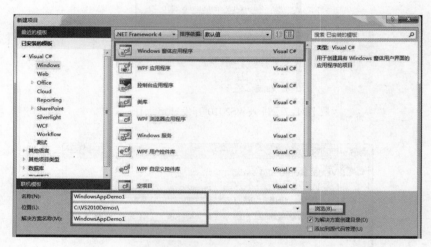

图 1-10 输入项目类型、项目名称、选择保存路径

图 1-11 选择保存路径

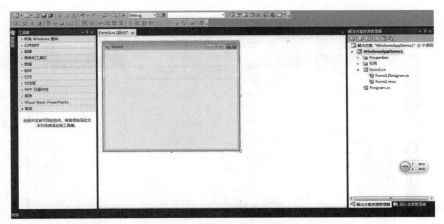

图 1-12　进入设计界面

（2）几个重要窗口

在设计窗体式应用程序过程中常见的几个重要窗口分别为工具窗口、设计窗口、资源管理器窗口、属性窗口，如图 1-13 所示。

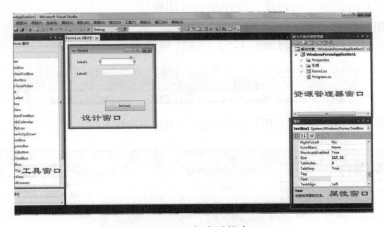

图 1-13　几个重要的窗口

（3）窗体式应用程序界面设计

从工具窗口中拖入需要的控件到在设计窗口中，如图 1-14 所示。

（4）执行窗体式应用程序

直接单击"开始执行（不调试）"菜单，VS2010 会自动先编译后执行应用程序的，如图 1-15 所示。

以上仅是粗略地介绍了一下窗体式应用程序的设计过程，一个实际的窗体式应用程序设计在后续章节中详细介绍。

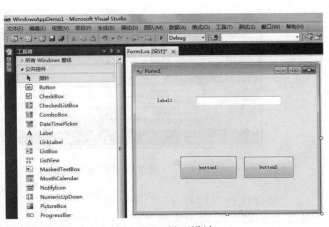

图 1-14　界面设计

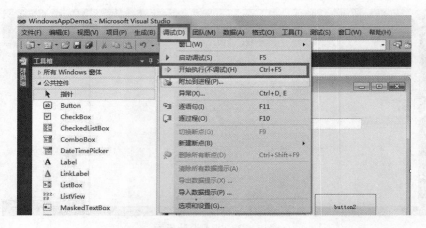

图 1-15　执行窗体式应用程序

1.2.4　Visual Studio.NET 中创建和编译控制台应用程序

使用另一种方法创建应用程序，即控制台应用程序。

（1）创建控制台应用程序

创建控制台应用程序的过程如图 1-16～图 1-18 所示。

图 1-16　新建控制台应用项目

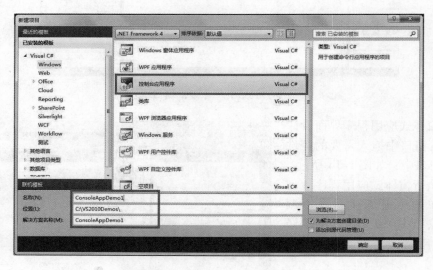

图 1-17　选择控制台应用程序、填写项目名称和保存路径

（2）编译执行应用程序

先在代码编写区域中不输入任何内容，直接编译执行应用程序，观察效果，其过程分别如图 1-19 和图 1-20 所示。

图 1-18　创建控制台应用程序过程三（进入代码编写区域）

图 1-19　编译执行应用程序过程一

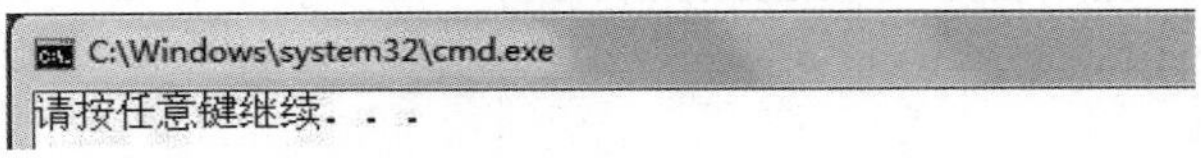

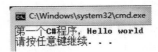

图 1-20　编译执行应用程序过程二（输出窗口，执行结果）

1.2.5　第一个控制台应用程序

如图 1-21 所示，在代码编写区域输入"Console.WriteLine（"第一个 C#程序，Hello world"）;"。

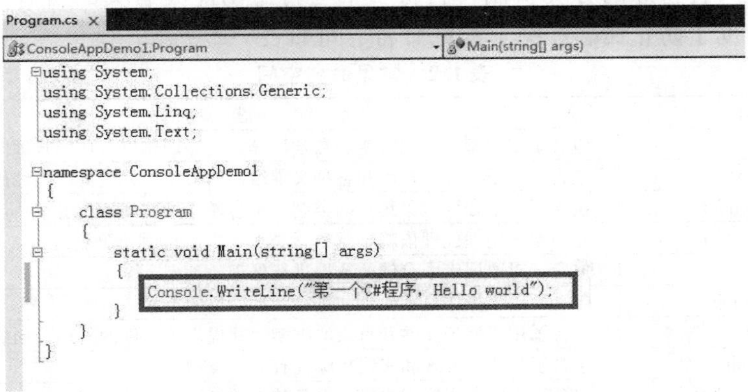

图 1-21　代码编写区域输入源代码

编译并执行，执行结果如图 1-22 所示。

图 1-22　第一个 C#控制台应用程序执行结果

1.2.6 认识控制台应用程序结构

任何一个控制台应用程序都是由"使用命名空间""自定义命名空间""自定义类""Main（）"构成。

（1）使用命名空间

使用关键字"using"表示在程序中使用某个命名空间，如"using System"，表示使用"System"这个命名空间。

在C#中，命名空间中还可以包含有子命名空间，如"using System.Text"。

（2）自定义命名空间

使用关键字"namespace"表示自定义一个命名空间，如程序中的"namespace ConsoleAppDemo1"，表示自定义了一个名为"ConsoleAppDemo1"的命名空间。

（3）自定义类

使用关键字"class"表示自定义一个类，如程序中的"class Program"。

（4）Main（）函数

C#与C语言一样，应用程序需要且仅需要一个Main（）函数，且写法格式固定。

static void Main（string [ ] args）
{

}

其中"static"关键字表示Main（）是一个静态方法，至于静态方法的相关知识将在后续的章节中介绍。

1.2.7 C#中常用的命名空间

命名空间是一种特殊的分类机制，它将一个与特定功能集有关的所有类型都分组在一起，命名空间有助于防止命名冲突。常见命名空间如表1-2所示。

表1-2 常见命名空间

命名空间	描述
System	包含基本类型、类型转换、数学计算、程序调用以及环境管理的定义
System.Text	包含了用于处理字符串和各种文本编码的类型，并支持不同编码方式之间的转换
System.Collections	包含了用于处理对象集合的类型。集合通常采取列表或者字典形式的存储机制
System.Collections.Generics	专门用于处理处理依赖于泛型（类型参数）的强类型集合
System.Data	包含了对数据库中存储的数据进行处理的类型
System.Drawing	包含了用于操作显示设备和进行图形处理的类型
System.IO	包含了用于处理文件和目录的类型，并提供了文件的处理、加载和保持能力
System.Threading	包含了与线程处理和多线程编程有关的类型
System.Windows.Forms	包含用于创建图形用户界面以及其中的各种组件的类型

1.3 C#编程规范

1.3.1 代码书写规则

1）尽量使用接口，然后使用类实现接口，以提高程序的灵活性。

2）一行不要超过 80 个字符。

3）尽量不要手工更改计算机生成的代码，若必须更改，一定要改成和计算机生成的代码风格一样。

4）关键的语句（包括声明关键的变量）必须要写注释，至少要保证声明方法时要写注释。

5）建议局部变量在最接近使用它的地方声明。

6）不要使用 goto 系列语句，除非是用在跳出深层循环时。

7）避免写超过 5 个参数的方法。如果要传递多个参数，则使用结构。

8）避免书写代码量过大的 try…catch 模块。

9）避免在同一个文件中放置多个类，实际工程中要求一个类定义在一个文件中。

10）生成和构建一个长的字符串时，一定要使用 StringBuilder 类型，而不用 string 类型。

11）switch 语句一定要有 default 语句来处理意外情况。

12）对于 if、for、foreach、while、do…while 语句，应该使用一对"{}"把语句块包含起来。

13）变量与语句之间要添加一个空行；语句与语句之间要添加一个空行；方法与方法之间要添加两个空行。（注意，在本书，由于排版的需要，方法之间只添加了一个空行。）

14）尽量不使用 this 关键字引用。

1.3.2 命名规范

命名规范在编写代码中起到很重要的作用，虽然不遵循命名规范，程序也可以运行，但是使用命名规范可以很直观地了解代码所代表的含义。

1）用 Pascal 规则来命名方法和类型，即类名或方法名的第一个字母必须大写，其后每个单词的第一个字母大写。

2）用 Camel 规则来命名局部变量和方法的参数，即第一个字母小写，其后每个单词的第一个字母大写。

3）接口的名称加前缀"I"。

4）所有的成员变量前加前缀"_"。

5）方法的命名，一般将其命名为动宾短语。

6）所有的成员变量声明在类的顶端，用一个换行把它和方法分开。

7）用有意义的名字命名空间 namespace，如公司名、产品名。

8）使用某个控件的值时，尽量命名局部变量。

1.4 总结

在本章中主要学习了以下内容。

1）介绍了.NET 的框架及.NET 下应用程序的执行原理。

2）介绍了 VS2010 的安装步骤。

3）介绍了在 VS2010 中如何创建 C#的应用程序。

4）介绍了在 C#的应用程序的结构及常用的命名空间。

1.5 实训

实训目的：学会安装 VS2010 开发环境，会配置开发环境，了解创建控制台程序的方法和程序框架。

1）安装 VS2010 开发环境。

2）编写一个控制台应用程序，实现打印自己的姓名和学号功能。

推荐步骤如下。

Step1　打开 VS2010，建立项目工程，操作过程如图 1-23 和图 1-24 所示。

图 1-23　打开 VS2010

图 1-24　创建新建项目

Step2　保存项目，选择 C#模板中的控制台应用程序，并保存项目，将工程存储在专用目录下，项目名称要求第一个字母大写，最好不要用默认的项目名称。操作过程如图1-25～图 1-27 所示。

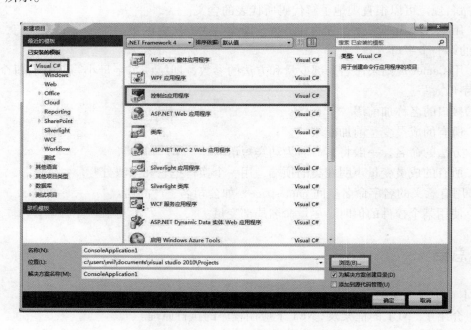

图 1-25　选择程序类型和保存文件目录

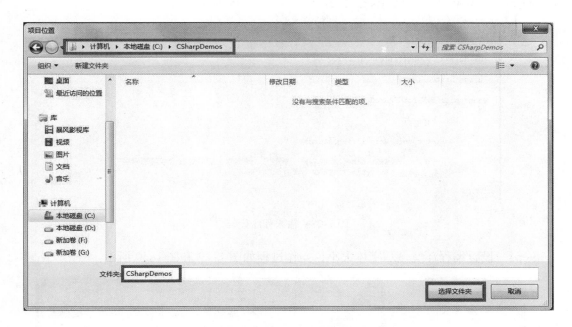

图 1-26　新建、选择要保存文件的目录

图 1-27　给应用程序命名

Step3 在 Main（ ）函数体内输入代码，如图 1-28 所示。

图 1-28　输入程序代码

Step4　设置编程环境显示字体大小，操作过程如图 1-29 和图 1-30 所示。

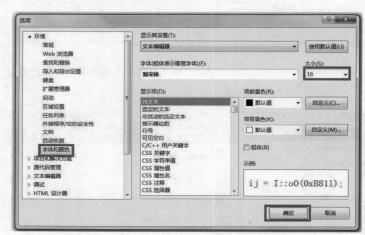

图 1-29　环境参数配置　　　　　　图 1-30　设置源码显示字体与字号

生成解决方案，并运行程序。在 C#中，可以直接运行程序，开发环境会自动生成解决方案，操作过程如图 1-31 所示。

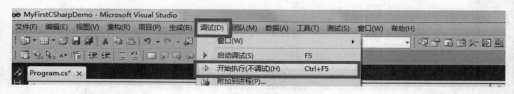

图 1-31　生成解决方案、运行程序

1.6　习题

方法、局部变量、成员变量和方法的参数的命名规则是什么？

第 2 章　C#语法基础

本章主要是学习 C#编程语言的语法基础知识。本章的内容与 C 语言的语法基础知识有很多相似之处，如数据类型、各种语句等，但也有一些新的内容，如 foreach 语句就是 C 语言中没有的内容。

C#的语法基础主要内容有变量和常量、基本数据类型、数组、运算符、表达式、选择语句（if 语句、switch…case 语句）、循环语句（for 语句、while 语句、do…while 语句、foreach 语句）、跳转语句（break 语句、continue 语句）。

2.1　变量和常量

变量是用于存储特定类型的数据，可以根据需要修改所存储的数据值。变量具有名称、类型和值三个特性。在使用变量之前必须先声明变量，即指定变量的类型和名称。

常量是值固定不变的量，在编译时就已经确定了。与变量相似，常量也具有名称、类型和值三个特性。在 C#中规定，常量必须遵守先声明后使用的原则。

2.1.1　变量

变量在声明时就可以初始化，也可以在任何时候给变量赋新值，赋值用"="运算符给变量赋值。

如：int age = 20;

基本的变量命名规则如下。

1）变量名的第一个字符必须是字母、下划线或@。若第一个字符是@，第二个字符不能是数字。

2）其余的字符可以是字母、下划线或数字。

3）不能用关键字作为变量名。一般而言，在编写程序时，凡是着色的字都是关键字。

例如：

正确的变量名：value、_str、@test 等。

不正确的变量名：@1234、88abcd、int、char 等。

切记，对变量要明确赋值，避免使用未初始化的变量。

下面的例子编译时会报错。

```
static void Main(string[ ] args)
{
    int count;
    Console.WriteLine("the count is:{0}",count);
}
```

错误信息：使用了未赋值的局部变量 count。

2.1.2 常量

在 C#中，使用 const 关键字定义常量，其基本语法如下：
const 数据类型 标识符 = 值；
常量必须在声明时被初始化，而且一经初始化，就不能改变。
例如：
```
static void Main(string[] args)
{
    const int MAX = 1024;

    Console.WriteLine("The MAX is :{0}", MAX);
}
```
常量的命名法则与变量的命名法则相同，但常量名一般大写，但这可根据程序员的个人喜好或公司的规定而定。

2.2 基本数据类型

C#是强类型语言，即每一个对象或变量都要声明类型，编译器会检查对象的赋值类型是否正确。

C#中类型可分为两类：值（Value）类型和引用（Reference）类型，两者主要的区别是：值类型的变量直接包含它们的数据，而引用类型的变量存储对数据引用，后者称为对象。对于引用类型，两个变量可以引用同一对象，因此对一个变量操作可能影响另一个变量所引用的对象；对于值类型，每个变量都有它们自己的数据副本（除 ref 和 out 参数变量外），因此对一个变量操作不可能影响另一个变量。

2.2.1 值类型

C#中值类型的变量相似于 C 语言中的变量，对值类型变量赋值将创建所赋值的副本。C#中规定，所有的值类型均隐式派生自 Object 类。

每种值类型都有一个隐式的默认构造函数来初始化该类型的默认值，主要的值类型如表 2-1 所示。

表 2-1 主要值类型

类型	范围	字节	.NET	默认值
bool	true 或 false	1	System.Boolean	false
char	0x0 ~ 0xffff	2	System.Char	'\0'
sbyte	-128 ~ 127	1	System.Sbyte	0
byte	0 ~ 255	1	System.Byte	0
short	-32768 ~ 32767	2	System.Int16	0
ushort	0 ~ 65535	2	System.UInt16	0
int	-2147483648 ~ 2147483647	4	System.Int32	0
uint	0 ~ 4294967295	4	System.UInt32	0
long	-9223372036854775808 ~ 9223372036854775807	8	System.Int64	0L

（续）

类型	范围	字节	.NET	默认值
ulong	0 ~ 18446744073709551615	8	System.Int64	0
float	$\pm 1.5 \times 10^{-45}$ ~ $\pm 2.4 \times 10^{36}$	4	System.Single	0.0F
double	$\pm 4.0 \times 10^{-324}$ ~ $\pm 1.7 \times 10^{328}$	8	System.Double	0.0D
decimal	1.0×10^{-28} ~ 6.9×10^{28}	16	System.Decimal	0.0M

在 C 语言中，对于 bool 类型而言，用非零表示真，用零表示假。而在 C#中，关键字 bool 是 System.Boolean 的别名，此 bool 关键字声明的变量只能存储布尔值为 true 或 false。

例如，下列 if 语句在 C#中是非法的，而在 C 语言中是合法的。

```
int var = 12;
if( var)
{
    //程序语句
}
```

编译器错误信息：无法将类型 int 隐式转换为 bool。

2.2.2 引用类型

引用类型的变量又称为对象，可存储对实际数据的引用。常见的引用类型有 object、string、class、interface、delegate，在本节中先介绍 object 和 string 的引用类型，其他数据类型以后续章节中详细介绍。

（1）object

object 类型基于 .NET 框架中的 System.Object。可将任何类型的值赋给 object 类型的变量。所有数据类型无论是预定义的还是用户定义的，均从 System.Object 类继承。

（2）string

string 类型表示一个 Unicode 字符的字符串。string 是 .NET 框架中的 System.String 的别名。

在 C#中，可以"+"运算符连接 string 字符串；可以用"[ ]"运算符访问 string 中的每个字符；可以将其用双引号或用@ 定义字符串。

1）string 数据类型的主要使用方法有以下几种。

① public int IndexOf（string value）：报告指定字符串在此实例中的第一个匹配项的从零开始的索引。如果找到该字符串，则为 value 的从零开始的索引位置；如果未找到该字符串，则为 -1。

② public int LastIndexOf（string value）：报告指定字符串在此实例中的最后一个匹配项的从零开始的索引的位置。如果找到该字符串，则为 value 的从零开始的起始索引位置；如果未找到该字符串，则为 -1。

③ public string Trim（）：从当前字符串的开头和结尾删除所有空白字符后剩余的字符串。如果从当前实例无法删除字符，此方法返回没有更改的当前实例。

④ public string [ ] Split（char [ ] separator）：基于数组中的字符将字符串拆分为多个子字符串。如：

string value = "This is a short string.";

```
char delimiter = 's';
string[ ] substrings = value.Split(delimiter);
```

⑤ public string Substring（int startIndex）：从此实例截取子字符串。子字符串在指定的字符位置开始并一直到该字符串的末尾。

⑥ public string Substring（int startIndex，int length）：从此实例截取子字符串。子字符串从指定的字符位置开始且具有指定的长度。

2）string 对象的主要属性

string 对象的主要属性是 Length，用该属性可以获取当前 string 对象中的字符数。

【例 2-1】 字符串综合应用，使用 String 类的方法实现求字符串的长度，查找某个字符（字符串）所在的位置，将长字符串按某个规则分成几个子字符串。

Main（）方法中的代码为：

```
static void Main(string [ ]args)
{
    string strContent = "what ";
    strContent + = "our name";
    Console.WriteLine("strContent 的长度为:" + strContent.Length);
    Console.WriteLine("第一个空格的位置" + strContent.IndexOf(' '));
    Console.WriteLine("最后一个空格的位置" + strContent.LastIndexOf(' '));
    string[ ] str1 = strContent.Split(' ');//按空格将字符串分解成子字符串
    Console.WriteLine(str1[0]);
    Console.WriteLine(str1[1]);
    Console.WriteLine(str1[2]);
    /* 最好是用 foreach 语句来遍历 str1 数组
    foreach(string str in str1)
    {
        Console.WriteLine(str);
    }
    */
}
```

运行结果如图 2-1 所示。

```
strContent的长度为:13
第一个空格的位置4
最后一个空格的位置8
what
our
name
请按任意键继续...
```

图 2-1 字符串综合应用

2.2.3 隐式和显式数值转换

在值类型的对象之间存在着隐式（implicit）或显式（explicit）的转换，即某值类型的对象可以隐式或显式地转换成另外一种类型。

隐式转换是自动进行的，而显式转换需要明确地进行类型强制转换。

（1）隐式转换

例如：

short _short = 10；

int _int = 30；

_int = _short； //隐式转换

_short = _int； //错误，不能转换

（2）强制转换

如编译器不能支持 int 到 short 的隐式转换，应改成：

_short =（short）_int； //显示转换

但若_int 的值超过 32767，数据将仍然会被截断，但编译器不会报错。

2.2.4 拆箱和装箱

C#提出的装箱和拆箱机制用于值类型与 object 之间、引用类型与 object 类型之间进行数据类型转换。

1）装箱：装箱是一种隐式转换，它将值类型或引用类型自动转换为 object 类型。

2）拆箱：拆箱是 object 类型强制转换到值类型或引用类型，它是装箱的逆过程。

以下代码说明了先装箱后拆箱的过程。

int i = 20；

object obj = i； //装箱

int j =（int）obj； //拆箱

为了保证拆箱成功，被拆箱的变量值必须是对某个对象的引用，而这个对象是通过对目的值类型的装箱创建的，否则拆箱操作会抛出 InvalidCastException 异常。

如：short j =（short） obj； //拆箱

由于 obj 是对 int 类型变量 i 装箱，而在拆箱的时候却被转换为 short 类型，因此代码在运行时会抛出异常（出错）。

【例 2-2】 装箱与拆箱综合应用。

Main（ ）方法的代码为：

```
static void Main( string [ ] args)
{
    int i = 100；            //声明一个 int 类型的变量 i,并初始化为 100
    object obj = i；         //执行装箱操作

    Console. WriteLine("装箱操作:值为{0},装箱之后对象为{1}",i,obj)；
    i = 10；
    int j =（int）obj；      //执行拆箱操作
    Console. WriteLine("拆箱操作:装箱操作:值为{0},装箱对象为{1},值为{2}",i,obj,j)；
}
```

运行结果如图 2-2 所示。

```
装箱操作：值为100，装箱之后对象为100
拆箱操作：装箱操作：值为10,装箱对象为100，值为100
请按任意键继续. . .
```

图 2-2　装箱与拆箱综合应用

2.2.5　枚举类型

（1）枚举类型的应用场合

在实际问题中，有些变量的取值被限定在一个有限的范围内。例如，一个星期只有七天，一年只有十二个月。枚举类型为定义一组可以赋给变量的命名整数常量提供了一种有效的方法。

（2）枚举的声明

枚举的声明形式为：

访问修饰符 enum 枚举名：｛枚举成员（标识符）｝

在 C#中规定，枚举名第一个字母大写。

例如，使用枚举类型定义一周七天。

enum Days｛Sunday，Monday,Tuesday,Wednesday,Thursday,Friday,Saturday｝;

【例 2-3】　枚举类型综合使用。

```
namespace EnumDemo
{
    class Program
    {
        enum MyColor{RED,BLUE,GREEN };

        static void Main(string[] args)
        {
            Console.WriteLine(MyColor.RED);
        }
    }
}
```

运行结果如图 2-3 所示。

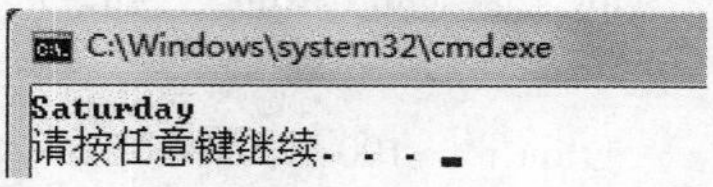

（3）使用枚举时注意事项

枚举类型属于顺序类型，每个枚举成员的值是根据定义枚举类型时各枚举成员的排列顺序（序列号）确定的，

图 2-3　装箱与拆箱综合应用

在默认的情况下序列号从 0 开始，后面每个枚举成员的值依次递增 1。

编译器在识别枚举值时，实际上是识别枚举成员在定义时的序号，如 Days 中的枚举成员 Monday 与序号 1 完全等价，写成 Monday 枚举成员有助于提高代码的可读性。

当然可以显式赋值改变初始值，可以为每一个枚举成员赋值，例如。

enum Citys｛Nanjing=2,Shanghai,Beijing,Wuhan｝;

enum Color { RED = 2，BLUE = 5，YELLOW = 10，PINK = 3，GREEN = 4 };

2.3 数组

数组是将若干相同类型的数据放在一起，通过索引（序号）访问数组中的每一个数据。

数组中每一个数据称为一个数组元素，数组能够容纳元素的数量称为数组的长度。数组中的每一个元素都具有唯一的索引与其相对应，数组的索引从零开始。

C#中声明数组的方式与 C 语言中相似，但也有一些细微的差别。

1）声明数组的时候，[ ] 是放在类型标识符的后边，而不是变量名的后边，即：int [ ] aArray；而不是 int aArray [ ]；

2）在 C#语言中必须声明一个任意长度的数组然后再指定长度。声明数组其实并没有创建数组，必须通过 new 关键字创建数组或对数组赋值进行创建。

int[ ] aArray；
aArray = new int [100]；
而不是 int [100] aArray； //错误的语句

2.3.1 一维数组

（1）声明

一维数组的声明语法如下：

数据类型 [ ] 数组名；

具体定义方法有以下 4 种：

int[ ] aArray = new int[10]{0,1,2,3,4,5,6,7,8,9};
int[ ] aArray = new int[ ]{0,1,2,3,4,5,6,7,8,9};
int[ ] aArray = {0,1,2,3,4,5,6,7,8,9};//最常用的一种形式
int[ ] aArray = new int[10];

（2）访问数组

一维数组的访问类似 C 语言中对一维数组的访问，访问方法如下：

int[ ] aArray = {0,1,2,3,4,5,6,7,8,9};
aArray[2] = 100;

（3）数组的属性

数组的属性是 Length，该属性用于计算数组中存储的数据的实际个数。

（4）遍历数组元素

可以使用 for、foreach 等语句对数组中的数据进行遍历操作。

【例 2-4】 一维数组的综合应用。
Main( )方法的代码为：
static void Main(string[ ] args)
{
    int[ ] myArr = { 1,2,3, 4,5,6,7,8,9,10 };//定义一个一维数组,并为其赋值
    int sum = 0;

```
        for( int i = 0; i < myArr.Length; i++ )
        {
            sum += myArr[i];
        }
    }
    Console.WriteLine("数组中的数据之和为:" + sum);
```

运行结果如图2-4所示。

图2-4 数组综合应用

2.3.2 二维数组

（1）二维数组声明

二维数组的声明语法为：type[,] arrayName；

具体定义方法有以下4种：

int[,] myArr = new int[2,4]{{0,1,2,3},{4,5,6,7}};
int[,] myArr = new int[]{{0,1,2,3},{4,5,6,7}};
int[,] myArr = {{0,1,2,3},{4,5,6,7}};
int[,] myArr = new int[2,4];

（2）访问数组

二维数组的访问类似C语言中对二维数组的访问，如：

myArr[1, 0] =100; //将数组第二行第一列元素赋值为100。

2.4 运算符和表达式

表达式是由运算符和操作数组成的。运算符设置对操作数进行什么样的运算，例如：+、-、*和/都是运算符；操作数包括文本、常量、变量和表达式等。

2.4.1 运算符的类别

在C#中运算符一般可分为特殊运算符、算术运算符、关系运算符、逻辑运算符、条件运算符、赋值运算符、位运算符等几类。

（1）常用特殊运算符

1）[ ] 方括号：用于数组、索引器、属性、指针。

2）( ) 括号运算符：用于指定表达式中的运算顺序。

3）. 点运算符：用于成员访问，点运算符指定类型或命名空间的成员。

（2）算术运算符

算术运算符如表2-2所示。

表2-2 算术运算符

运算符	说明	表达式
+	加法（字符串连接符）	操作数1＋操作数2
－	减法运算	操作数1－操作数2
*	乘法运算	操作数1＊操作数2
/	除法运算	操作数1/操作数2
%	模数，除法运算后的余数	操作数1%操作数2

（3）增、减量运算符

增量运算符＋＋将操作数加1，减量运算符－－将操作数减1。＋＋和－－运算符分别有两种用法，运算结果不同。如：$x=i++;x=++i;$

（4）关系运算符

关系运算符表达式的结果为逻辑值，正确返回 true，否则为 false。关系运算符一般常用于判断或循环语句中。关系运算符如表2-3 所示。

表2-3 关系运算符

关系运算符	说明	关系运算符	说明
＝＝	等于	！＝	不等于
＞	大于	＞＝	大于等于
＜	小于	＜＝	小于等于

（5）逻辑运算符

C#中的逻辑运算符如表2-4 所示。

表2-4 逻辑运算符

运算符	说明	表达式
！	逻辑非运算	！操作数
&&	逻辑与运算	操作数1&&操作数2
&	操作数为 bool 时按逻辑或操作数为整型时按位与	操作数1&操作数2
∥	逻辑或运算	操作数1∥操作数2
∣	操作数为 bool 时按逻辑或操作数为整型时按位或	操作数1∣操作数2
^	操作数为 bool 时按逻辑或操作数为整型时按位异或	操作数1^操作数2

（6）条件运算符

条件运算符？：是三元运算符，格式如下：

condition ? expression1 : expression2;

如果条件 condition 为 true，返回表达式 expression1 的值，否则返回 expression2 的值。

例：s = x！= 0.0 ? Math.Sin（x）/x : 1.0;

三元运算符等价于选择语句的二分支。

（7）赋值运算符

赋值运算符，给变量赋值。C#中的赋值运行符如表2-5 所示。

表2-5 赋值运算符

赋值	表达式	等价于	结果（初始值 X = 10，Y = 2）
＝	X = 10	X = 10	10
＋＝	X + = 2	X = X + 2	12
－＝	X － = 2	X = X － 2	8
＊＝	X ＊ = 2	X = X ＊ 2	20

(续)

赋值	表达式	等价于	结果（初始值 X = 10，Y = 2）
/ =	X / = 2	X = X/2	5
% =	X% = 2	X = X%2	0
& =	X& = Y	X = X&Y	2
| =	X | = Y	X = X | Y	10
^ =	X^ = Y	X = X^Y	8
<< =	X << = Y	X = X << Y	40
>> =	X >> = Y	X = X >> Y	2
??	Z = X ?? Y	Z = X（X 非空，否则为 Y）	10

（8）位运算符

位运算符的操作数是整型时对数据按二进制位进行运算，C#中的位运算符有 &、|、^ 及 ~ 四种。

1）& 与运算符

操作数按二进制位进行与运算，与运算规则为：

0&0 = 0　　0&1 = 0　　1&0 = 0　　1&1 = 1

例 2&10

2 的二进制为：00000010，10 的二进制为：00001010，则计算过程为：

```
  0 0 0 0 0 0 1 0
& 0 0 0 0 1 0 1 0
  ───────────────
  0 0 0 0 0 0 1 0
```

运算的结果：00000010。

所以，2&10 的结果为 2。

2）| 或运算

操作数按二进制位进行或运算，或运算规则为：

0 | 0 = 0　　0 | 1 = 1　　1 | 0 = 1　　1 | 1 = 1

3）^异或运算

操作数按二进制位进行异或运算，异或运算规则为：

0^0 = 0　　0^1 = 1　　1^0 = 1　　1^1 = 0

4）~ 取补运算

求补（~，位逻辑非）运算对操作数的每一位取补，补运算规则如下：

10 的二进制为：00001010，求补运算的结果：11110101。

十进制结果（若高位为 1 是负数，后面取反 +1 为 11）：− 11。

（9）移位运算符

C#中常用的移位运算符有两种：<< 和 >>。

1）<< 左移运算符。

左移运算将操作数按位左移 <<，高位被丢弃，低位顺序补 0。左移操作相当于乘 2 运算，必要时要考虑进位问题。

2）>> 右移运算符。

右移运算将操作数按位右移 >>，低位被丢弃，高位顺序补 0。右移操作相当于除 2 运算。

2.4.2 运算符的优先级

当表达式包含一个以上的运算符时,程序会根据运算符的优先级进行运算。优先级高的运算符会比优先级低的运算符先被执行,在表达式中,可以通过括号()来调整运算符的运算顺序,当程序开始执行时,括号()内的运算符会被优先执行。

表2-6列出了所有运算符从高到低的优先级顺序。

表 2-6 运算符的优先级顺序

分类	运算符	优先级顺序
基本	x.y、f(x)、a[x]、x++、x--、new、typeof、checked、unchecked	高
一元	+、-、!、~、++、--、(T)x	
乘除	*、/、%	
加减	+、-	
移位	<<、>>	
比较	<、>、<=、>=、is、as	
相等	==、!=	
位与	&	
位异或	^	
位或	|	
逻辑与	&&	
逻辑或	||	低
条件	?:	
赋值	=、+=、-=、*=、/=、%=、&=、|=、^=、<<=、>>=	

2.5 语句

程序的重要构成部分就是语句,C#语言中的语句与C语言中基本类似,主要有选择语句、循环语句、跳转语句。

2.5.1 选择语句

选择语句用于根据某个表达式的值从若干条语句中选择一个来执行。C#语言中的选择语句包括if语句和switch语句两种。

(1) if 语句

C#语言中的if语句与C语言中的if语句相似,有以下几种格式。

1) 格式1

格式1只有一种选择结果,其格式如下:

if(布尔表达式)
{
　　[语句块1]

}
　　[语句块2]

　　该if语句执行流程是：当布尔表达式的值是true时，执行语句块1；否则执行语句块2中的代码。

　　2）格式2

　　格式2有两种选择结果，其格式如下：

　　if(布尔表达式)
　　{
　　　　[语句块1]
　　}
　　else
　　{
　　　　[语句块2]
　　}

　　该格式的if语句执行流程是：语句首先判断布尔表达式的值是否为true。如果布尔表达式的值为true，则语句执行语句块1；如果布尔表达式的值为false，语句就会执行else子句中的语句块2。

　　3）格式3

　　格式3是if语句嵌套，当程序的条件判断式不止一个时，可能需要一个嵌套式的if…else语句，嵌套的位置或是在if语句部分，或是在else语句中部分。其基本格式如下：

　　if(布尔表达式)
　　{
　　　　if(布尔表达式)
　　　　{
　　　　　　[语句块1]
　　　　}
　　　　else
　　　　{
　　　　　　[语句块2]
　　　　}
　　}
　　else
　　{
　　　　if(布尔表达式)
　　　　{
　　　　　　[语句块3]
　　　　}
　　　　else
　　　　{
　　　　　　[语句块4]
　　　　}
　　}

【例2-5】 if 语句的综合使用。
static void Main（string [] args）方法中的代码为：
```
int scores = 0;

Console. WriteLine("请输入成绩:");
scores = Convert. ToInt32(Console. ReadLine());

if (scores < 60)
{
    Console. WriteLine("没有及格");
}
else
{
    if( scores < 60 && scores < 70)
    {
        Console. WriteLine("及格");
    }
    else
    {
        if (scores > = 70 && scores < 80)
        {
            Console. WriteLine("中");
        }
        else
        {
            if (scores > = 80&& scores < 90)
            {
                Console. WriteLine("良");
            }
            else
            {
                Console. WriteLine("优");
            }
        }
    }
}
```
运行结果如图 2-5 所示。

```
请输入成绩:
75
中
请按任意键继续...
```

图 2-5 if 语句的综合使用

(2) switch…case 语句

switch 语句类似于 if…else 语句,都是条件选择语句,但 switch 语句用于处理多个可能性。switch…case 语句的语法如下。

```
switch(变量或表达式)
{
    case 常数表达式1:
            语句;
        break;
    case 常数表达式2:
        语句;
        break;
    …
    case 常数表达式n:
        语句;
        break;
    default:
        默认的处理语句;
        break;
}
```

【例 2-6】 switch…case 语句综合应用。
static void Main(string [] args)方法中的代码为:

```
int number = 0;

Console.WriteLine("请输入数字");
number = Convert.ToInt32(Console.ReadLine());

switch(number)
{
    case 1:
        Console.WriteLine("红");
        break;
    case 2:
        Console.WriteLine("绿");
        break;
    case 3:
        Console.WriteLine("蓝");
        break;
    default:
        break;
}
```

运行结果如图 2-6 所示。

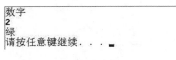

图 2-6 switch…case 语句综合应用

2.5.2 循环语句

在 C#中，常见的循环语句有 for 语句、while 语句、do…while 语句和 foreach 语句，其中 for 语句、while 语句、do…while 语句与 C 语言中的相似。

（1）for 语句

for 语句用于计算一个初始化序列，当条件表达式的值为真时，重复执行嵌套语句并计算迭代表达式的值。如果条件表达式的值为假，则终止循环，退出 for 循环，执行 for 语句体后面的语句。

for 语句的基本形式如下：
for（[初始化表达式]；[条件表达式]；[迭代表达式]）
{
　　[语句块]；
}

【例 2-7】 for 语句应用。
static void Main（string [] args）中的代码为：
for（int i = 0；i < 10；i + +）
{
　　Console. Write（i + " \t"）；\\" \t" 为制表符,间隔为一个 TAB 键的距离。
}

运行结果如图 2-7 所示。

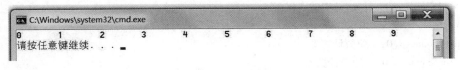

图 2-7 for 语句应用

【例 2-8】 设计一个程序，找出 0～100 之间的偶数，并按每行 10 个的方式打印出来。
编程思路：①偶数的定义：能被 2 整除的数定义为偶数；②每找到一个偶数，在同一行中打印该偶数且偶数计数器加 1，若计数器达到 10，则要换行。
static void Main（string [] args）中的代码为：
int count = 0；//偶数计数器

for（int i = 0；i < = 100；i + +）
{
　　if（i % 2 = = 0）
　　{

```
            Console.Write( i + " \t" );
        count + + ;

         if ( count = = 10 )
         {
                count = 0;
                Console.WriteLine( );
         }
    }
}
```

运行结果如图 2-8 所示。

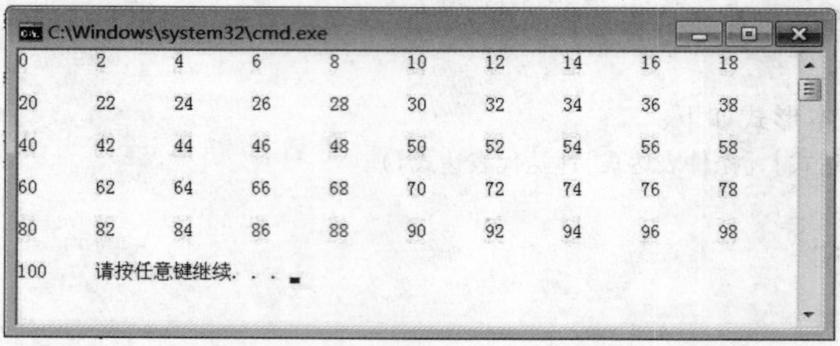

图 2-8 找到的偶数

【例 2-9】 设计一个程序，找出 0~100 之间的质数，并按每行 5 个的方式打印出来。

编程思路：①质数的定义：除了 1 和它本身外，没有其他约数，这样的数定义为质数；②对每一个数，找到一个约数，约数计数器加 1，找完所有约数后，判断约数的个数，若约数为 2，则该数为质数；③找到一个质数，在同一行打印该质数且质数计数器加 1，若质数计数器到 5，则换行。

static void Main(string[ ] args) 中的代码为：

```
int prime_count = 0;//质数计算器
int divisor_count = 0;//约数计数器

for ( int i = 1; i < = 100; i + + )
{
    for ( int j = 1; j < = i; j + + )
    {
        if ( i % j = = 0 )
        {
            divisor_count + + ;
        }
    }

    if ( divisor_count = = 2 )
```

```
            Console. Write(i + " \t");
            prime_count + +;

            if (prime_count = = 5)
            {
                prime_count = 0;
                Console. WriteLine();
            }
        }

        divisor_count = 0;
    }
```
运行结果如图 2-9 所示。

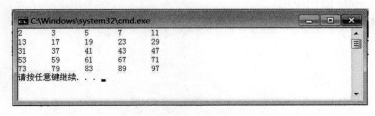

图 2-9 找到的质数

【例 2-10】 设计一个程序，打印出图 2-10 所示的九九乘法表。

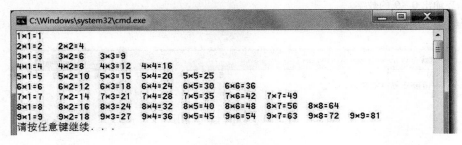

图 2-10 九九乘法表

编程思路：观察图 2-10 中行和列的规律，可以得到：①每行乘法个数与行号相同；②每行的每个乘法的第一个乘数与行号相同，每行最后一个乘法的第二个乘数与列号相同。
代码为：
static void Main(string[ ] args)中的代码

```
for (int i = 1; i < = 9; i + +)//行,第一个乘数
{
    for (int j = 1; j < = i; j + +)//列,第二个乘数,多1到行号
    {
        Console. Write("{0} * {1} = {2}\t", i, j, i * j);
```

```
    }
    Console.WriteLine();
}
```

(2) while 语句

while 语句用于根据条件值执行一组语句零次或多次，每次 while 语句中的代码执行完毕时，将重新查看是否符合条件值，若符合则再次执行相同的程序代码；否则跳出 while 语句，执行 while 语句后面的代码。

while 语句的基本格式如下：

```
while([布尔表达式])
{
    [循环块];
}
```

【例 2-11】 while 语句应用。

static void Main（string [] args）中的代码为：

```
int count = 0;

while (count < 10)
{
    Console.WriteLine(count + "\t");
    count++;
}//循环输出 0~9 的数字
```

运行结果如图 2-11 所示。

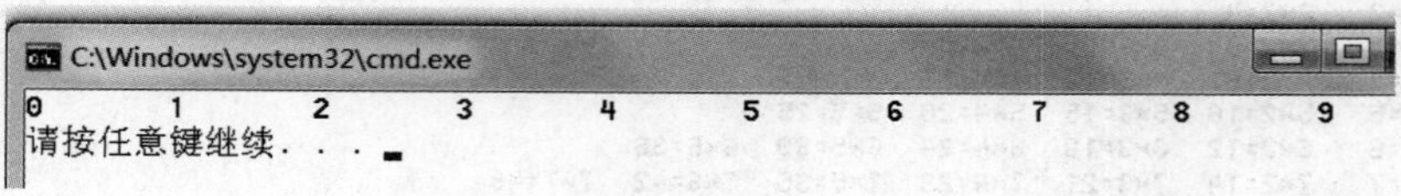

图 2-11 while 语句应用

(3) do…while 语句

do…while 语句与 while 语句相似，它的判断条件在循环后。do…while 循环会在计算条件表达式之前执行一次，其语法如下：

```
do
{
    [循环块];
}while([布尔表达式]);
```

【例 2-12】 do…while 语句应用。

static void Main（string [] args）方法中的代码为：

```
int i = 0;
int[] myArray = {0,1,2,3,4};

do
{
    Console.Write(myArray[i] + "\t");
    i++;
} while (i<5);

Console.ReadLine();
```

运行结果如图 2-12 所示。

（4）foreach 语句

foreach 语句用于遍历一个集合的所有元素，其基本语法为：

foreach（［类型］ ［迭代变量名］ in ［集合类型表达式］）
{
　　语句块；
}

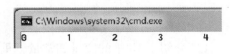

图 2-12　do…while 语句应用

其中，迭代变量名的类型必须与集合类型相同，否则会出现异常。

foreach 语句可以用于循环访问数组中的元素。

【例 2-13】　foreach 语句应用。

static void Main（string［］args）方法中的代码为：

```
int[] arr = {1,2,3,4,5};//定义一个一维数组，并为其赋值

foreach (int n in arr) //使用 foreach 语句循环遍历一维数组中的元素
{
    Console.Write("{0}", n + "\t");
}

Console.ReadLine();
```

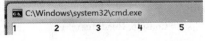

图 2-13　foreach 语句应用

运行结果如图 2-13 所示。

2.5.3　跳转语句

在 C#语言中的跳转语句有 break 语句、continue 语句、goto 语句和 return 语句，它们的使用方法与 C 语言中的使用方法相似。

（1）break 语句

break 语句只能出现应用在 switch、while、do…while、for 和 foreach 语句中，break 语句包含在这几种语句中，否则会出现编译错误。

（2）continue 语句

continue 语句只能应用于 while、do…while、for 和 foreach 语句中，用来忽略循环语句块内位于后面的代码而直接开始一次新的循环。

（3）goto 语句

goto 语句用于将控制转移到由标签标记的地方，一般不要使用 goto 语句。

（4）return 语句

return 语句用于退出类的方法，是控制返回方法的调用者。如果方法有返回类型，return 语句必须返回这个类型的值；如果方法没有返回类型，应使用没有表达式的 return 语句。

2.6 总结

在本章中主要学习了以下内容：
1）介绍了 C#中的变量和常量，重点在于标识符的命名规范。
2）介绍了 C#中的基本数据类型，重点了解每种类型的存储范围。
3）介绍了 C#中数组的基本概念以及常见的两种的格式，重点是一维数据。
4）介绍了 C#中的运算符和表达式，重点是各种运算的规则。
5）介绍了 C#中语句格式，重点是各种语句的执行过程。

2.7 实训

实训目标：学会使用 C#的调试工具跟踪调试程序的运行过程，使用"局部变量"窗体和"即时"窗体观察变量。

1）编写一个控制台应用程序，从控制台（键盘）中输入一行字符，请统计出输入的数字的个数，并求所有数字之和，要求使用调试技术观察变量的值。

Step1　新建项目

新建控制台型项目并输入源码，Main（）方法中的代码为：

```
string str;
int sum = 0;
int dCount = 0;

str = Console. ReadLine( );

foreach( char in str)
{
    if( c > = '0'&&c < = '9')
    {
        sum + = c - 48;
        dCount + + ;
    }
}
```

Console.WriteLine("输入的字符中共有{0}个数字,且所有数字之和为{1}",dCount,sum);

Step2 设置断点

在合适位置设置断点,设置断点的方法共有两种,如图 2-14 所示。

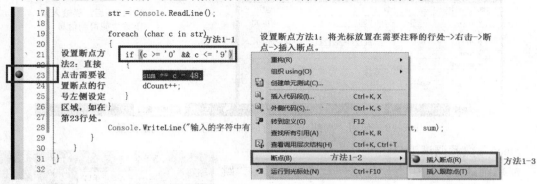

图 2-14 设置断点

Step3 开始调试程序

启动调试,输入要测试的数据(以回车键结束输入),程序会自动运行到断点处,过程如图 2-15 ~ 图 2-17 所示。

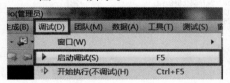

图 2-15 启动调试　　　　　图 2-16 输入要测试的数据

Step4 打开需要的调试窗口。

应用程序运行在调试状态下时,可以使用多种窗口监视程序的运行过程,如图 2-18 所示。

查看变量在程序运行过程中的变化状况,可使用"监视""局部变量"和"即时"这三个窗口中的一个或多个。

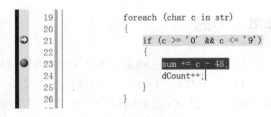

图 2-17 程序运行到断点处

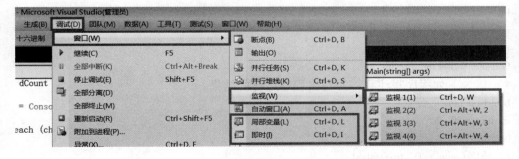

图 2-18 调试窗口

Step5　观察 count 变量的值

使用"局部变量"窗口和"即时"窗口观察 count 变量的值，如图 2-19 所示。

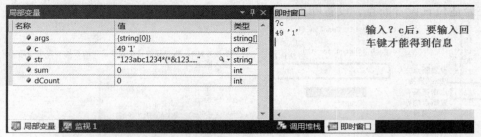

图 2-19　使用"局部变量"窗口和"即时"窗口观察变量

Step6　熟悉调试工具栏

使用调试工具栏中有"逐语句""逐过程""跳出"等工具继续调试，将鼠标放在某个工具上会出现相关的提示，如图 2-20 所示。

图 2-20　调试工作

2）设计九九乘法表软件，运行结果如图 2-21 所示。

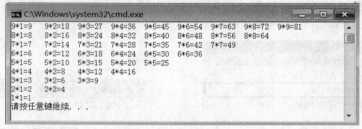

图 2-21　九九乘法表

2.8　习题

1）分别用 for、while、do…while 语句找到 1 到 1000 之间的前 20 个素数。

2）一个数组为：int[ ] _data = {1,2,3,4,5,6,7,8}，编写一个控制台应用程序，用 foreach 语句打印数组中的每一个元素，要求在同一行中打印出来。

3）请为下列程序写注释，并写出程序运行的结果。

int x = 10；

int y = 15；

int result；

result = x | y；

Console. WriteLine（result）；

4）请为下列程序写注释，并写出程序运行的结果。

bool b1 = false；

int num = 50；

bool b2；

b2 = b1&(num > 30？ true；false）；

Console. WriteLine(b2)；

第3章 面向对象编程初步

通过前面的学习,读者已经可以写出简单的C#程序。但C#是一种完全面向对象的编程语言,要编写出语法正确、设计合理的好代码,必须掌握面向对象的特性。

本章将介绍面向对象的程序设计相关基本概念,并且介绍C#中面向对象的初级特性。C#中面向对象编程的初级特性主要有以下几个概念:

1)类及定义。
2)对象及定义。
3)方法。
4)构造方法。
5)方法重载。

3.1 类和对象

相对于面向过程的概念,面向对象的世界则全部由对象组成。每一个对象都包含行为和状态两个方面的特征,每个对象通过其行为改变自身的状态。

3.1.1 类的本质与定义

从本质上讲,类实际上就是一种数据类型,一个类一般由两部分构成:

1)成员变量。
2)成员函数,在C#中称为方法。

要定义新的类或类型,首先要声明它,在C#中,使用关键字class声明类,类的声明语法为:

class 类名
{
 成员变量列表;
 成员方法列表;
}

类的主体是由一对大括号 {} 括起来的部分,在类主体中主要定义类的两个组成部分——成员变量和成员函数(在C#中简称方法)。

在C#中,成员变量和成员函数是有访问权限的,规定了成员方法的可见性,常见的访问权限有两种:private 和 public。

在C#中规定,所有 private 访问权限的成员都必须由 public 访问权限型的成员(一般是方法成员)访问。

成员变量和成员方法的定义格式为:

1)成员变量定义的一般语法如下:

［访问修饰符］数据类型 成员变量名［初始值］；

C#中的编程规范中规定：成员变量名要以"_"字符开头，其后每一个单词的首字母大写。

例如：private string _name；

2）成员函数（方法）定义的一般语法如下：

［访问修饰符］返回值类型 方法名称（参数列表）
{
  //方法主体
}

在 C#中的编程规范中规定：方法名（成员函数名）要求第 1 个字母要大写，其后每个单词的首字母大写。

例如：
```
class Person//自定义一个类 Person
{
    private string _name = "我是一个大学生";

    public void Display( )
    {
        Console.WriteLine(_name);
    }
}
```

3.1.2 类的使用

定义了一个类后，就相当定义了一种新的数据类型，可以像使用 int、结构体等其他数据类型一样用于定义变量。

在 C#中规定，用类定义的变量称为引用或对象。

1）若只是定义了一个类的变量名，称为引用。

2）若用该类定义并使用 new 关键字实例化的变量，称其为对象。

【例 3-1】 类的定义和使用。
```
class Person //自定义一个类 Person
{
    private string _name = "我是一个大学生";
    private int _age;

    public void Display( )//定义一个 Public 访问权限的 Display( )方法
    {
        Console.WriteLine(_name);
    }

    public void Eat( )//定义一个 Eat( )方法
```

```
            Console.WriteLine("我要写东西");
        }
    }
    class Program//在 Program 这个类中使用 Person 类
    {
        static void Main(string[]args)
        {
            Person zs = new Person();
            zs.Display();//通过对象调用方法 Display()
            Person ls;//这只是声明了一个类的变量
            ls.Display();//语句错误,ls 未被实例化。
        }
    }
```

运行结果如图 3-1 所示。

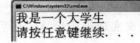

图 3-1 类的定义和使用

3.2 构造方法和析构方法

在例 3-1 中的 Person zs = new Person()；语句中，Person() 方法称为 Person 类的构造方法。

构造方法和析构方法是类中比较特殊的两种成员方法。

3.2.1 构造方法

（1）构造方法的作用

构造函数用于在实例化对象时初始化成员变量。

（2）构造方法的特点

构造方法的特点是构造方法名与类名相同，且没有返回值。在实例化该类的对象时就会调用构造方法。

（3）构造方法的分类

在 C#中，类的构造方法可分为隐式构造方法和显式构造方法两大类。

1）隐式构造方法。在 C#中规定，当程序中如果用户定义的类中没有显式地定义任何构造函数，编译器就会自动为该类型生成默认构造函数，如程序例 3-1 所示。

当使用默认构造函数时，在实例化对象时，将没有初始值的成员变量初始化为该数据类型的默认值，如程序例 3-1 中的_age 成员变量被初始为 0。

2）显式构造方法。在定义一个类时，可以显式地定义一个构造方法，该构造方法构造函数可以带参数列表，也可以不带参数列表，但没有返回值。

构造方法通常声明为 public 访问权限，如：

```
public Person()//不带参数的构造方法
{
```

```
        _name = "我是一个大学生";
        _age = 20;
    }

    public Person(string name,int age)//带参数的构造方法
    {
        _name = name;
        _age = age;
    }
```

【例3-2】 构造方法应用。

创建一个控制台应用程序,在 Program 类中定义 3 个 int 类型的变量,分别用来装两个加数及和,然后声明 Program 类的一个构造函数,并在构造函数中传递相应的参数,在类中声明一个方法来实现加法运算。最后在 Main( ) 方法中实例化 Program 类的对象,并输出计算结果。

```
class Program
{
    private int _x;
    private int _y;
    private int _z;

    public Program(int x,int y) //声明构造方法传递参数
    {
        _x = x;
        _y = y;
    }

    public int Add()//带返回类型的 Add()方法求加法的和
    {
        _z = _x + _y;
        return _z;
    }

    static void Main(string[ ] args)
    {
        Program program = new Program(14,20);
        Console.WriteLine("和为:{0}",program.Add());
    }
}
```

运行结果如图 3-2 所示。

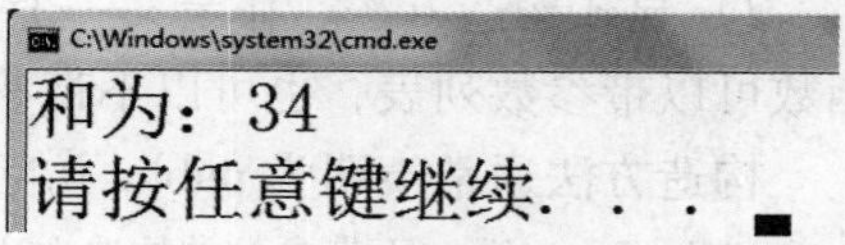

图 3-2 构造方法应用

3.2.2 析构方法

（1）析构方法的作用

析构方法用于回收对象资源。.NET Framework 类库中有垃圾回收功能，当某个类的实例被认为是不再有效，并符合析构条件时，.NET Framework 类库的垃圾回收功能就会调用该类的析构方法实现垃圾回收。

（2）析构方法的特点

析构方法名与类名相同，但析构方法要在名字前加一个波浪号（~）。在一个程序中可以显式地声明析构方法，也可以不声明析构方法，当没有显式声明析构方法时，.NET 运行环境会自动给。

C#规定：一个类中只能有一个析构方法，并且无法调用析构方法，它是被自动调用的。一般而言，不需要程序员显式地去写析构方法。

3.3 方法

从本质上讲，C#中的方法就是一个函数，方法必须属于某个特定的类。C#的方法按不同的分类可有多种，从方法的调用方式而言，方法可以分成静态方法和非静态方法。

3.3.1 静态方法

凡是被关键字 static 所修饰的方法就是静态方法，如 static void Main（string[] args），这个 Main（）方法就是一个静态方法。

静态方法只能由类名访问。如 Console.WriteLine（）这个语句就是通过 Console 这个类名去访问 Console 类的静态方法 WriteLine（）。

（1）静态方法的定义

public static 返回值类型 方法名(参数列表)
{

}

（2）静态方法的使用

静态方法只能由类名访问，格式为：类名.静态方法名（）；

如 Console.Write（）；

3.3.2 非静态方法

凡是不被关键字 static 所修饰的方法就是非静态方法，如 public void Print（），这个 Print（）方法就是一个非静态方法。非静态方法只能由对象名访问。

特别注意：在没有特定指定为静态方法的情况下均为非静态方法，简称为方法。

【例 3-3】 静态方法和非静态方法应用。

创建一个控制台应用程序，创建一个类，并在类中声明一个静态方法和非静态方法分别给一个变量赋值并输出。

```csharp
class MyClass
{
    private string _str1;
    static string _str2;

    public MyClass(string str1, string str2)
    {
        _str1 = str1;
        _str2 = str2;
    }

    public void Display()
    {
        Console.WriteLine("str1 为:{0}", _str1);
    }

    public static void Show()
    {
        Console.WriteLine("str2 为:{0}", _str2);
    }
}

class Program
{
    static void Main(string[] args)
    {
        MyClass myclass = new MyClass("非静态方法","静态方法");
        myclass.Display();//只能通过对象去访问非静态方法
        MyClass.Show();//只能通过类名直接访问静态方法
    }
}
```

运行结果如图 3-3 所示。

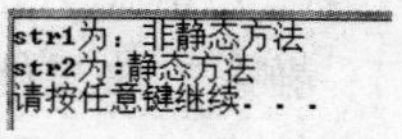

总结：静态方法只能通过类名直接访问，不能通过对象去访问；非静态方法则必须用对象去访问。在定义类时，静态方法只能访问静态成员，非静态方法可以访问静态成员和非静态成员。

图 3-3 静态方法和非静态方法应用

3.4 方法重载

方法的重载是指多个方法的方法名称相同，但方法中参数不同（或是数据类型不同，或是参数个数不同，或是参数的顺序不同）。在程序中调用时，编译器会根据实参的情况自动调用对应的方法。

3.4.1 不同数量参数的方法重载

所谓的不同数量参数的方法重载,是指调用的同一方法中参数的个数不同,在使用时根据所调用时赋予的参数调用方法。

【例3-4】 不同数量参数的方法重载。

创建一个控制台应用程序,其中定义了一个重载方法 Add(),并在 Main() 方法中分别调用不同参数的重载方式的方法对传入的参数进行计算。

```csharp
class Program
{
    public static int Add(int x, int y)
    {
        return x + y;
    }

    public int Add(int x, int y, int z)
    {
        return x + y + z;
    }

    static void Main(string[] args)
    {
        int x = 3;
        int y = 5;
        int z = 10;
        Program myProgram = new Program();

        Console.WriteLine(x + " + " + y + " = " + Program.Add(x,y));
        Console.WriteLine(x + " + " + y + " + " + z + " = " + myProgram.Add(x,y,z));
    }
}
```

运行结果如图3-4所示。

3.4.2 不同类型参数的方法重载

图 3-4 不同数量参数的方法重载

不同类型参数的方法是指重载方法时定义的参数类型不同。

【例3-5】 不同类型参数的方法重载。

创建一个控制台应用程序,其中定义了一个重载方法 Add(),并在 Main() 方法中分别调用不同参数的重载方式的方法对传入的参数进行计算。

```csharp
class Program
{
    public static int Add(int x,int y)
```

```
        return x + y;
    }

    public double Add(int x, double y)
    {
        return x + y;
    }

    static void Main(string[ ] args)
    {
        Program program = new Program();
        int x = 3;
        int y = 5;
        double y2 = 4.5;

        Console.WriteLine(x + "+" + y + "=" + Program.Add(x,y));
        Console.WriteLine(x + "+" + y2 + "=" + program.Add(x,y2));
    }
}
```

运行结果如图 3-5 所示。

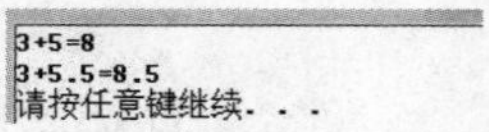

图 3-5 不同类型参数的方法重载

3.5 使用性质封装数据

在 C#中，提供了一个特殊的语法——性质（property），也称为属性。利用性质可以让程序员访问类的私有成员变量，如同直接访问 public 的成员变量一样。

使用能够性质可以达到两个目的。

1）为用户程序提供了一个简单的接口，使得用户程序可以向使用一个成员变量一样使用它。

2）对性质的访问实际上是通过方法来实现的，从而提供了优秀的面向对象程序设计所必需的数据隐藏性。

在 C#语言中，使用 get 和 set 实现性质。

3.5.1 属性的定义

（1）get 方法访问属性

get 方法用于获取性质的值，其定义方式如下所示：

```
public int Hour
{
    get
    {
        return _hour;
```

        }
    }

任何时候程序员引用性质的值，实际上都是通过调用 get 访问方法来获得的。

（2）set 方法访问属性

set 访问方法用于设置性质的值，set 访问方法与返回值为 void 的方法相类似。其定义方式如下所示：

```
Public int Hour
{
    set
    {
        _hour = value;
    }
}
```

当给性质赋值时，set 访问方法被自动调用，隐含的参数 value 被设为所赋的值。

3.5.2 属性的分类

仅有 get 语句的属性称为只读属性；仅有 set 语句的属性称为只写属性；同时有 get 语句和 set 语句的属性称为可读可写属性。

【例 3-6】 使用 get 和 set 实现性质应用。

创建一个控制台应用程序，在类 Person 中声明两个成员变量 _name 和 _age；定义两个属性 Name 和 Age，分别用于读、写成员变量。在 Program 类中，定义 Person 的对象，传输 "张三"，20 信息给构造函数，并通过 Age 属性修改 _age 信息，并打印出修改前后的相关信息。

```
class Person
{
    private string _name;
    private int _age;

    public Person(string name, int age)
    {
        _name = name;
        _age = age;
    }

    public string Name
    {
        get
        {
            return _name;
        }
```

```
            set
            {
                _name = value;
            }
        }

        public int Age
        {
            get
            {
                return _age;
            }
            set
            {
                _age = value;
            }
        }
    }

    class Program
    {
        static void Main(string[] args)
        {
            Person person1 = new Person("张三",20);

            Console.WriteLine(person1.Name + "修改信息前的年龄:" + person1.Age);
            person1.Age = 30;
            Console.WriteLine(person1.Name + "修改信息后的年龄:" + person1.Age);
        }
    }
```

程序执行结果如图 3-6 所示。

总结：get 方法用于获取实际的私有变量的值；set 方法用于设置私有变量的值。这两个方法都没有显示的参数，而 set 方法有一个隐式的参数 value。

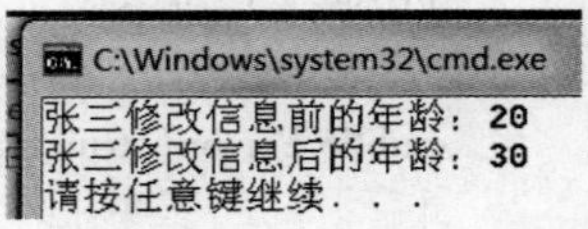

图 3-6 使用 get 和 set 实现性质应用

3.6 命名空间

C#程序是利用命名空间组织起来的，命名空间既用作程序的"内部"组织系统，又用作向"外部"公开的组织系统（一种向其他程序公开自己拥有的程序元素的方法）。

如果要调用某个命名空间中的类或其他数据类型，首先需要使用 using 指令引入命名空间，将指定命名空间中类型成员导入当前工程文件中，就可以直接使用每个被导入的类型，而不必加上它们的完全限定名。

(1) 定义命名空间

使用 namespace 语句,其定义的基本形式为:

```
namespace 空间名
{
    类名{//定义类名
}
```

(2) 使用命名空间

使用 using 语句来使用命名空间,其基本形式为:

using　命名空间;

【例3-7】 命名空间应用。

创建一个控制台应用程序,建立一个命名空间 N1,在该命名空间中有一个类 A,在项目中使用 using 指令引入命名空间 N1,然后在命名空间 Test 3-7 中实例化命名空间 N1 中的类,并调用该类中的 Display 方法。

```
using System;
using System.Collections.Generic;
using System.Linq;
using System.Text;
using N1;

namespace  Test3-7
{
    class Program
    {
        static void Main(string[] args)
        {
            A oa = new A();//实例化 N1 中的类 A
            oa.Display();//调用类 A 中的 Display()方法
        }
    }
}
```

在另一个类文件中建立命名空间 N1。

```
namespace N1//建立命名空间 N1
{
    class A //在命名空间 N1 中声明类 A
    {
        public void Display()
        {
            Console.WriteLine("C#入门基础");//输出字符串
            Console.ReadLine();
        }
```

        }
    }

程序的运行结果如图 3-7 所示。

图 3-7 命名空间应用

3.7 总结

1）介绍了 C#的类和对象，重点是类的本质。
2）介绍了 C#中的构造函数和析构函数的基本概念，重点是构造函数的作用。
3）介绍了 C#中的方法的定义与重载，重点是方法重载。
4）介绍了 C#中的静态方法和非静态方法的区别及应用，重点是这两种方法的访问。
5）介绍了使用性质封装数据的概念，重点是只读属性、只写属性、可读可写属性的含义。
6）介绍了 C#中命名空间，重点是命名空间的定义与作用。

3.8 实训

实训目标如下。
1）学会在不同的项目中创建命名空间，并在其他命名空间中使用该命名空间中的类。
2）学会在同一个项目中创建命名空间，并在其他命名空间中使用该命名空间中的类。

3.8.1 在不同的项目中创建命名空间

修改【例 3-7】，将这两个命名空间放在两个工程中，操作步骤如下。

Step1 新建工程，工程名称为 CApp1（解决方案名称即命名空间名称自动变为 CApp1），如图 3-8 所示。

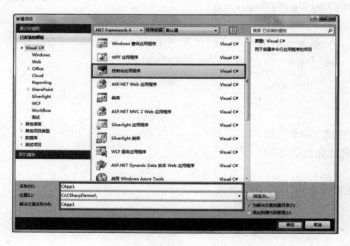

图 3-8 新建工程 CApp1

Step2 在命名空间中定义一个类，名为 Person 的类，Person 类的内容如下。

```
namespace CApp1
```

```csharp
}
class Program
{
    static void Main(string[] args)
    {
    }
}

public class Person
{
    private string _name;
    private int _age;

    public Person(string name, int age)
    {
        _name = name;
        _age = age;
    }

    public void PrintInfor()
    {
        Console.WriteLine("姓名为:{0}", _name);
        Console.WriteLine("年龄为:{0}", _age);
    }
}
```

Step3　生成该解决方案，或是在解决方案资源管理器中生成解决方案，如图3-9和图3-10所示。

图3-9　在"菜单"生成中生成解决方案

图3-10　在解决方案管理器中生成解决方案

检查是否有错误，若有错误，应该修改错误并重新生成，直到没有错误为止。

特别注意：CApp1命名空间中的Main()方法必须有，否则不能编译。

Step4　添加新的解决方案CApp2，并添加相关代码，操作过程如图3-11～图3-13所示。

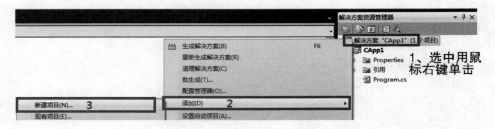

图 3-11　添加新的解决方案操作一

图 3-12　添加新的解决方案操作二　　　　　图 3-13　添加好的解决方案

Step5　在 CApp2 命名空间中将 CApp1 引用进来，操作过程如图 3-14～图 3-16 所示。

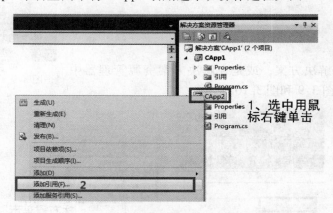

图 3-14　添加引用 CApp1 操作一

Step6　在 CApp2 命名空间中使用 CApp1 中的类 Person，发现在 CApp2 中无法访问到 CApp1 中的类 Person，如图 3-17 和图 3-18 所示。

Step7　在 CApp1 命名空间修改类 A 的访问权限，使用 public 进行修饰，并重新生成解决方案 CApp1，如图 3-19 所示。

Step8　在 CApp2 命名空间重新访问 CApp1 命名空间中类 Person，可以正确访问，如图 3-20 和图 3-21 所示。

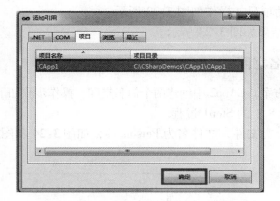
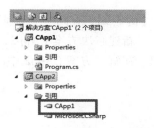

图 3-15　添加引用 CApp1 操作二　　　　图 3-16　添加引用 CApp1 操作三

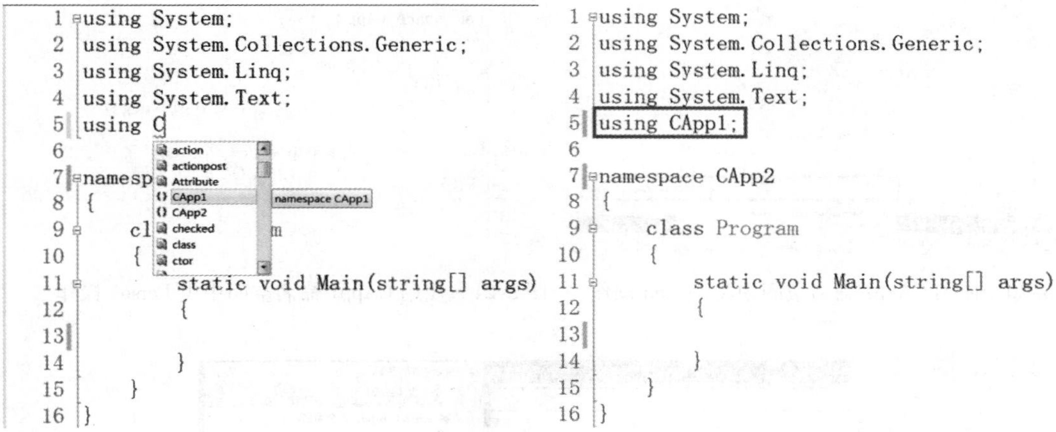

图 3-17　通过 using 关键字使用 CApp1 命名空间

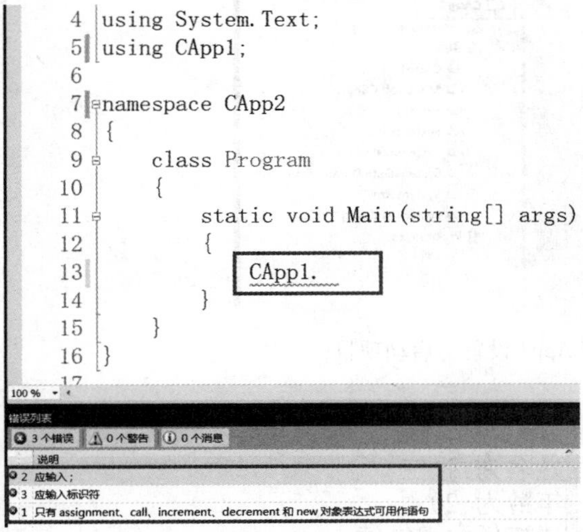

图 3-18　使用 CApp1 命名空间中的类 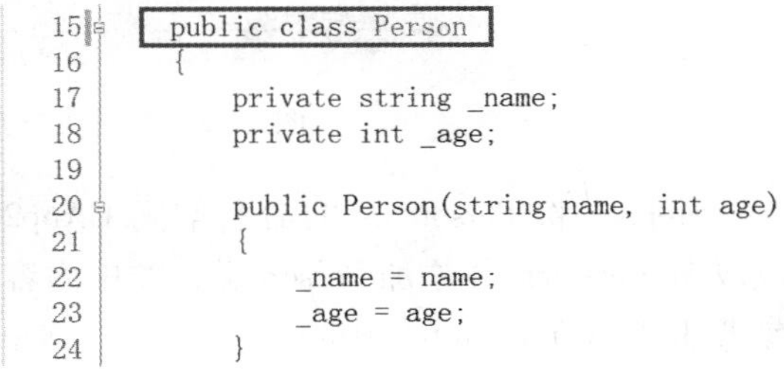　　　图 3-19　修改 CApp1 命名空间中类 Person 的访问权限

Step9 将解决方案 CApp2 设置为启动项目，操作如图 3-22 所示。

Step10 运行解决方案 CApp2，运行结果如图 3-23 所示。

3.8.2 在同一个项目中创建不同命名空间

修改【例 3-7】，在同一个工程（解决方案）CApp2 中创建两个命名空间，操作步骤如下。

Step1 新建解决方案 CApp2，参考 3.8.1 的 Step1 过程。

Step2 在解决方案 CApp2 中添加一个类文件，文件名为 Person.cs，如图 3-24 和图 3-25 所示。

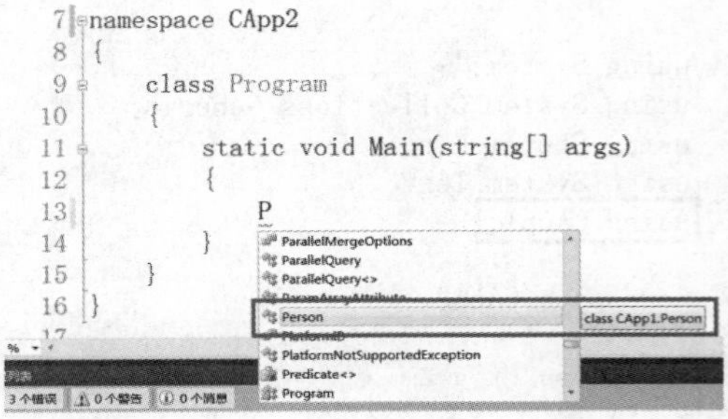

图 3-20 使用 CApp1 命名空间中类 Person 操作一 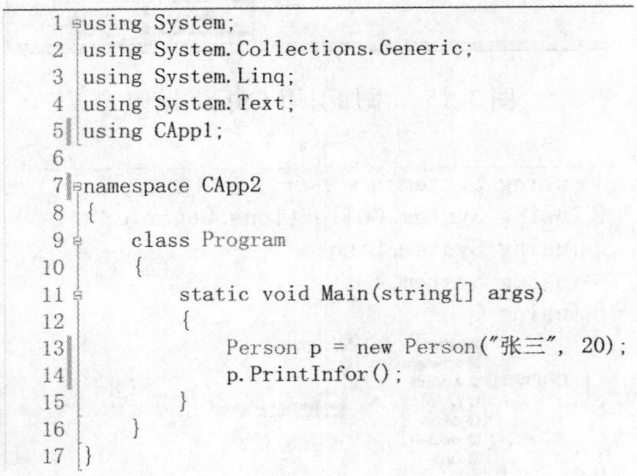　　图 3-21 使用 CApp1 命名空间中类 Person 操作二

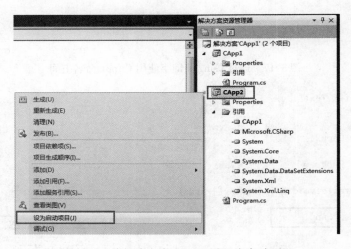

图 3-22 将解决方案 CApp2 设置为启动项目

Step3 将 Person.cs 的命名空间 CApp2 改成 MyPerson，并添加 Person 类，类中内容参考 3.8.1 节中 Step2 中的内容。

```
namespace MyPeron
{
    public class Person
```

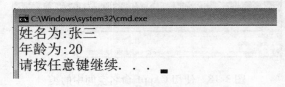

图 3-23 运行解决方案 CApp2

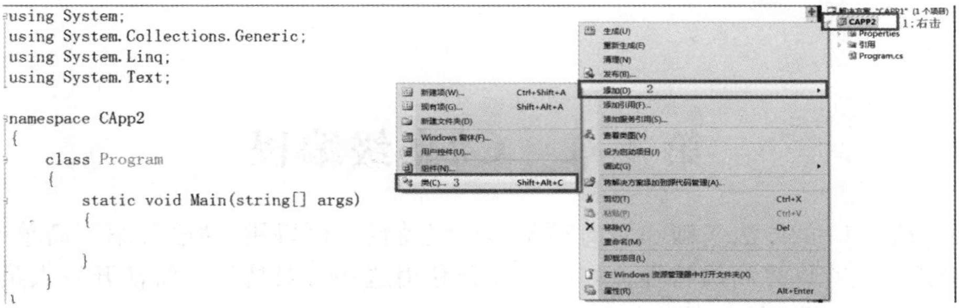

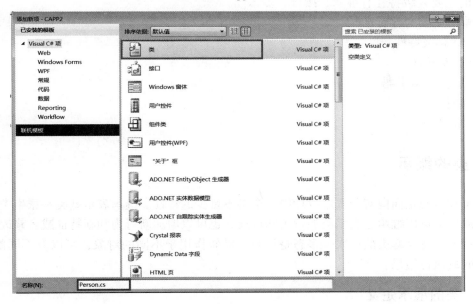

图 3-24　解决方案 CApp2 中添加一个类文件

图 3-25　给类文件命名

```
{
    //3.8.1 节中 Step2 中类 Person 的内容
}
}
```

Step4　在 Program.cs 文件中添加引用 MyPerson 命名空间及 Person 类,操作过程参考 3.8.1 节中的内容。

3.9　习题

1) 方法重载现象有哪几种?
2) 列出常用的命名空间。
3) 静态方法和非静态方法有何异同?
4) 编写程序,打印出倒直三角,每个"﹡"之间空格,如图 3-26 所示。

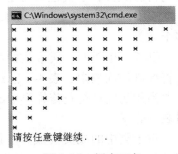

图 3-26　倒直三角

第 4 章　C#高级编程

前面介绍了 C#的语法基础和面向对象的初级特性，可以用 C#语言编写简单的应用程序。但 C#语言还有许多高级特性，如果能充分利用这些高级特性，将使开发人员更轻松、有效地编写出功能强大的应用程序。

C#的主要高级特性有继承、接口、多态性。

本章的主要内容有：

1）C#高级特性。
2）类型转换。
3）集合与索引器。
4）委托。
5）事件。

4.1　类的继承

继承和多态是面向对象程序设计中两个必不可少的特性。继承表示基类和派生类具有相似性，派生类可以继承已有基类的行为和特征，也可以增加新行为和新特征或者修改已有的行为和特征，建立起类的层次；多态是指同一操作作用于不同的对象，可以有不同的解释，产生不同的执行结果。

4.1.1　类的继承定义

继承（派生）是面向对象编程最重要的特性之一。任何类都可以从另外一个类派生出来，被派出来的类叫作子类，另一个类叫作父类。例如：类 A 从类 B 中派生出来，则称类 A 为子类，类 B 为父类或基类。

通过类的继承机制，用户可以通过增加、修改或替换类中的方法对这个类进行扩充，以适应不同的应用要求。

通过继承，程序员可以在已有类的基础上构造新类，使用继承，每个类就可以只定义自己的特殊成员，子类也只需定义自己的新成员，其他成员可以从父类继承。

在 C#中，类只支持单继承，而不支持多重继承，一个类只能有一个父类，不能同时有多个父类。

继承一个类时，类成员的可访问性是一个重要的问题，C#使用 public、private 等访问修改符控制访问权限，表 4-1 总结了 C#中的访问修饰符。

当用访问修饰符修饰类中的成员时，程序员就可以控制哪些成员对外可见，便于信息的封装与隐藏。

对于类中的成员（成员变量、方法等）而言，不声明任何修饰符，默认是私有的方法，即 default 与 private 一样。当父类和子类在同一程序集时，子类可以访问父类的 internal 成员；当父类和子类不在同一程序集时，子类不可以访问父类的 internal 成员，但可以访问父类的 protected interal 成员。

在本书中，只讨论 public 型和 private 型这两种访问权限。

表 4-1 访问修饰符

父类成员 访问修饰符	父、子类在同 一命名空间	父类的方法 可否访问	父类的对象 可否访问	子类的方法 可否访问	子类的对象 可否访问
public	是	可	可	可	可
	否	可	可	可	可
private	是	可	否	否	否
	否	可	否	否	否
protected	是	可	否	可	否
	否	可	否	可	否
internal	是	可	可	可	可
	否	可	否	否	否
protected internal	是	可	可	可	可
	否	可	否	可	否

【例 4-1】 创建一个控制台应用程序，定义了一个 People 类。然后再定义一个 Student 类，该类从 People 类派生而来，People 类使用默认构造方法。

```
class People
{
    private string _name = "三国";//声明一个公有的成员变量
    private string _sex = "男";//声明一个公有的成员变量

    public void Display1()//声明一个显示方法
    {
        Console.WriteLine("您输入的姓名是:{0},性别是:{1}",_name,_sex);
    }
}

class Student：People
{
    public void Display2()
    {
        Console.WriteLine("这是Student类中的显示函数");
    }
}

class Program
{
    static void Main(string[] args)
    {
        Student stu1 = new Student();
        People myPeople = new People();
```

```
            Console.WriteLine("****以下是People类对象显示的内容***");
            myPeople.Display1();
            Console.WriteLine();
            Console.WriteLine("****以下是Student类对象显示的内容***");
            stu1.Display1();
            stu1.Display2();
        }
    }
```

运行效果如图4-1所示。

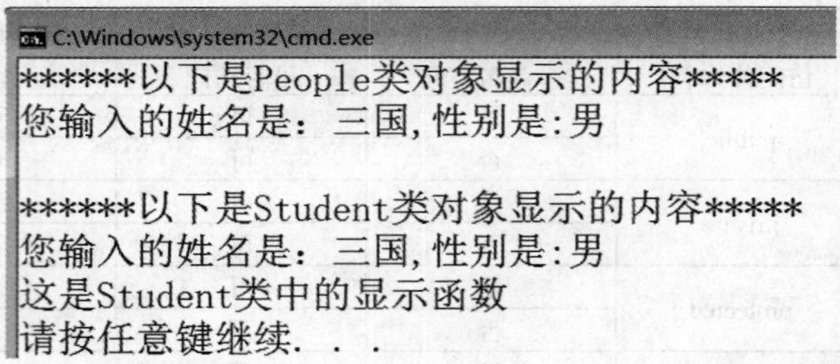

4.1.2 子类的构造函数

在C#中规定，当基类中有带参数的构造函数时，子类必须要调用基类的构造函数初始化基类的成员变量。通过使用 base() 语句，子类的构造函数显式调用基类的构造函数完成对基类成员变量的初始化。运行时，将首先执行基类构造函数，然后才执行派生类的构造函数。

图4-1 【例4-1】运行结果

【例4-2】 调用基类的构造函数。

```
class People
{
    string _name;//声明一个默认权限成员(私有成员变量)
    private string _sex;//声明一个私有成员变量

    public People(string name, string sex)
    {
        _name = name;    //将传递过来的参数赋值给_name
        _sex = sex;      //将传递过来的参数赋值给_sex
    }

    public  void Display1()//声明一个公有类型方法
    {
        Console.WriteLine("输入的姓名是:{0},性别是:{1}",_name,_sex);
    }
}

class Student : People
{
    private string _position;//声明一个私有成员变量

    public Student(string name,string sex,string position)
        : base(name,sex)//使用base语句调用基类的构造函数
```

```csharp
            _position = position;//将传递过来的参数赋值给_position
        }
        public void Display2(){Console.WriteLine("您的职业是:{2}",_position);}
    }
    class Program
    {
        static void Main(string[] args)
        {
            People people = new People("张三","男");//实例化 People 类
            Student stu1 = new Student("李四","男","学生");
            people.Display1();//调用基类显示方法
            Console.WriteLine("*******************************");
            stu1.Display1();//调用从父类继承来的显示方法
            stu1.Display2();//调用子类显示方法
        }
    }
```

运行结果如图 4-2 所示。

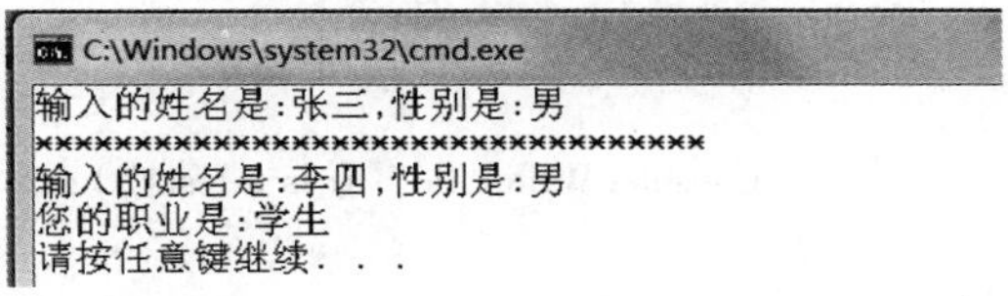

图 4-2 【例 4-2】运行结果

4.1.3 抽象类与密封类

（1）抽象类（abstract）

有时为了表述一种抽象的概念，程序员需要定义一个和具体事物不相关的基类。为此在 C#中引入了抽象类的概念，抽象类用 abstract 关键字进行声明，抽象类使用时有以下要求：

1）抽象类只能作为基类，不能直接进行实例化。
2）抽象类中可以包含抽象成员，但不是必需的。
3）对抽象类不能使用 sealed 关键字。
4）从抽象类派生的非抽象类必须通过重写手段实现它所继承来的所有抽象成员。

如：

```csharp
abstract class A
{
    public abstract void Method();
}

class B:A
{
    public override void Method()//使用 override 重写继承来的抽象方法
    {
        Console.WriteLine("抽象类例子");
    }
}
```

}

抽象类 A 有一个抽象方法 Method()，非抽象类 B 继承自 A，重写了 Method() 方法，提供了对 Method() 的具体实现。

在抽象类中使用 abstract 关键字声明抽象方法，抽象方法不提供方法的具体实现，只给出方法原型。

此外，abstract 也可以用于声明类的抽象性质（property），在派生类通过使用 override 重载抽象性质。

在 C#中规定：抽象方法声明只允许在抽象类中使用，而且声明中不允许使用 static、virtual 或 override 关键字。

(2) 密封类（sealed）

在 C#中，程序员有时希望设计的类不能被继承，可以使用关键字 sealed 声明密封类。sealed 关键字除了可以用于声明密封类，还可以用于声明密封方法，使用密封方法的目的是使用方法所在类的派生类无法重载该方法。密封方法必须是对基类虚方法的重载，不是任何方法都可以声明为密封方法的。例如下面的代码在编译时就会出错。

```
class A
{
    public sealed void Method()
    {
        Console.WriteLine("It is a test!");
    }
}
```

编译上面的代码，编译器将报错："因为'A.Method'不是重写，所以无法将其密封"，因此在密封方法的声明中，sealed 和 override 总是一起使用。

【例 4-3】 抽象类和密封类综合应用。

```
abstract class A
{
    public abstract void Method();
}

sealed class People:A
{
    private string _name;
    private int _age;

    public People(string name, int age)
    {
        _name = name;
        _age = age;
    }
```

```
        public sealed override void Method()
        {
            Console.WriteLine("姓名为 a:{0},年龄为 a:{1}", _name, _age);
        }
    }

    class Program
    {
        static void Main(string[] args)
        {
            People p = new People("aaa",20);
            p.Method();
        }
    }
```

4.2 接口

C#不支持多重继承，但是客观世界出现存在多重继承的情况。为了避免多重继承给程序带来的复杂性等问题，C#提出了接口的概念，通过接口可以实现多重继承的功能。

4.2.1 接口的定义与特点

接口是把所需要的成员组合起来，以封装一定功能的集合，接口好比一个模板，在其中定义了对象必须实现的成员。

接口可由方法、属性、事件、索引器这4种成员类型的任何组合构成，接口中不能包含字段（成员变量），接口中成员的访问权限不要指定（默认是 public），在声明接口成员时，不能出现 abstract、public、protected、virtual、override 或 static 等关键字。

接口不能直接实例化，不能包含成员的任何代码，只定义成员本身。

接口的声明采用下列格式：
访问修饰符 interface 接口名称
{
    接口内容；
}

【例4-4】 接口的应用。
```
interface IDisplayCard    //声明接口 IDisplayCard
{
    void Display();//接口中的成员不能有访问权限
    int   MemorySize{get;set;}
}

class AsusDisplayCard:IDisplayCard//使用类实现接口
```

```csharp
        int _memorySize;

        public void Display()    //实现接口中的方法
        {
            Console.WriteLine("我是华硕显卡,欢迎选购");
        }

        public int MemorySize
        {
            get
            {
                return _memorySize;
            }
            set
            {
                _memorySize = value;
            }
        }
    }

    class HpDisplayCard:IDisplayCard//使用类实现接口
    {
        int _memorySize;

        public void Display()    //实现接口中的方法
        {
            Console.WriteLine("我是惠普显卡,欢迎选购");
        }

        public int MemorySize
        {
            get
            {
                return _memorySize;
            }
            set
            {
                _memorySize = value;
            }
        }
    }
```

```csharp
class Program
{
    static void Main(string[] args)
    {
        AsusDisplayCard asus = new AsusDisplayCard();
        asus.Display();
        asus.MemorySize = 32;
        Console.WriteLine("显存容量为:" + asus.MemorySize + "M");

        HpDisplayCard hp = new HpDisplayCard();
        hp.Display();
        hp.MemorySize = 64;
        Console.WriteLine("显存容量为:" + hp.MemorySize + "M");
    }
}
```

接口具有以下特点。

1) 接口类似于抽象基类：继承接口的任何非抽象类都必须实现接口的所有成员。
2) 不能直接实例化接口。
3) 接口可以包含事件、索引器、方法和属性，接口不包含方法的实现。
4) 类和接口可从多个接口继承。

4.2.2 接口继承

C#中不允许多重类继承，一个类不能同时派生自多个类，但允许实现多个接口。当继承（实现）多个接口时，":"后面的多个接口名之间用","分开。private 和 internal 类型的接口不允许继承。

（1）接口继承

```
访问修饰符  interface  接口名称:继承的接口列表
{
    接口内容;
}
```

（2）使用类实现接口

```
访问修饰符  类名  接口名称:要实现的接口列表
{
    接口内容;
}
```

当某个类实现某个（些）接口时，该类必须实现该接口及其子接口中的所有方法，该子类可通过重写虚拟成员来更改接口中的方法。

【例4-5】 接口多继承应用。

```
interface IFace1
{
```

```csharp
    void PrintInfor();
    void Hello();
}

interface IFace2
{
    void Print();
    void Goodbye();
}

interface IFace3 : IFace1,IFace2    //继承接口
{}

class FacetoFace :IFace3 //使用类实现接口
{
    public void PrintInfor ()
    {
        Console. WriteLine("这是 IFace1 的 PrintInfor 函数");
    }

    public void Hello()
    {
        Console. WriteLine("IFace1 向您说 Hello!");
    }

    public void Goodbye()
    {
        Console. WriteLine("IFace2 向您说 GoodBye");
    }

    public void Print()
    {
        Console. WriteLine("这是 IFace2 的 Print 函数");
    }
}

class ClassDemo
{
    static void Main(string[] args)
    {
        FacetoFace facetest1 = new FacetoFace();//实例化
        facetest1. PrintInfor ();
        facetest1. Hello();
```

```
        facetest1.Print();
        facetest1.Goodbye();
    }
}
```

4.2.3 显示接口实现

如果两个接口 A 和 B 含有同名的成员 Method，且都被同一个类 C 实现，则类 C 必须分别为 A 和 B 的 Method 成员提供单独的实现，即显式实现接口成员。

【例 4-6】 显示接口实现应用。

```
interface IFace1
{
    void Print();
    void Hello();
}

interface IFace2
{
    void Print();
    void Goodbye();
}

interface IFace3 : IFace1,IFace2    //继承接口
{ }

class FacetoFace :IFace3
{
    //因为两个接口都有 Print(),故指定是哪个接口,不能指定访问权限。
    void IFace1.Print()
    {
        Console.WriteLine("这是 IFace1 的 Print 函数");
    }

    public void Hello()
    {
        Console.WriteLine("IFace1 向您说 Hello!");
    }

    public void Goodbye()
    {
        Console.WriteLine("IFace2 向您说 GoodBye");
    }
```

```
        void IFace2.Print()
        {
            Console.WriteLine("这是 IFace2 的 Print 函数");
        }
    }
    class ClassDemo
    {
        static void Main(string[] args)
        {
            FacetoFace facetest1 = new FacetoFace();//实例化类 FacetoFace
            ((IFace1)facetest1).Print();//需要进行数据类型强制转换
            facetest1.Hello();
            ((IFace2)facetest1).Print();
            facetest1.Goodbye();
        }
    }
```

4.3 多态性

（1）多态性的基本概念

在C#中，多态性的定义是：同一操作作用于不同类的实例，不同的实例将进行不同的解释，产生不同的执行结果。C#支持两种类型的多态性：一种是编译的时候的多态性，另一种是运行时的多态性。

1）编译时的多态性。编译时的多态性是通过重载来实现的。对于非虚的成员来说，系统在编译时，根据传递的参数、返回的类型等信息决定实现何种操作。

2）运行时的多态性。运行时的多态性就是指直到系统运行时，才根据实际情况决定实现何种操作。C#中，运行时的多态性通过虚成员实现。

编译时的多态性为程序员提供了运行速度快的特点，而运行时的多态性则带来了高度灵活和抽象的特点。

（2）实现多态

1）使用抽象类多态性。

【例4-7】 抽象类多态性示例。

```
public abstract class VideoShow
{
    public abstract string PlayVideo();
}

public class VCD：VideoShow//声明 VCD 类继承自 VideoShow
{
```

```csharp
    public override string PlayVideo()    //重写抽象方法
    {
        return "正在播放 VCD";
    }
}

public class DVD : VideoShow    //声明 DVD 类继承自 VideoShow
{
    public override string PlayVideo()    //重写抽象方法
    {
        return "正在播放 DVD";
    }
}

class Program
{
    static void Main(string[] args)
    {
        VideoShow vs;    //声明抽象类的一个对象
        vs = new DVD();    //通过子类实例化抽象对象
        Console.WriteLine(vs.PlayVideo());
        vs = new VCD();    //通过子类实例化抽象对象
        Console.WriteLine(vs.PlayVideo());
    }
}
```

2）接口多态性。

【例4-8】 接口多态性示例。

```csharp
interface Door
{
    void Open(bool a);
    void Close(bool a);
}

class AutoDoor : Door
{
    public void Open(bool a)
    {
        if (a)
        {
            Console.WriteLine("有人来了,自动门打开");
        }
```

```csharp
    }

    public void Close(bool a)
    {
        if (!a)
        {
            Console.WriteLine("没有人,自动门关闭");
        }
    }
}

class PasswordDoor : Door
{
    public void Open(bool a)
    {
        if (a)
        {
            Console.WriteLine("密码正确,密码门打开");
        }
    }

    public void Close(bool a)
    {
        if (!a)
        {
            Console.WriteLine("密码不正确,密码门不能打开");
        }
    }
}

class Program
{
    static void Main(string[] args)
    {
        bool havePeople = false;
        bool passwordIstrue = false;

        AutoDoor a = new AutoDoor();
        a.Open(havePeople);
        a.Close(havePeople);

        PasswordDoor p = new PasswordDoor();
        p.Open(passwordIstrue);
```

```
        p.Close(passwordIstrue);
    }
}
```

3) 继承多态性。继承多态性是最常见的形式。通过使用 virtual 关键字，继承多态性提供了方法的不同实现。在继承一个类时，会继承该类的方法、属性、事件以及特性。另外还会继承所有这些成员的实现。

当不想继承某个或某些功能，或者需要稍作变化，将基类中的方法或属性标记为 virtual，通过在子类中重写实现多态性。

定义一个虚方法后，表明希望在子类中重写该方法。如果并不想重写方法，就不要将方法声明为虚拟的，否则会导致额外的系统开销。由于派生类中的方法重写了基类中的方法，因此在声明派生类方法时，使用的标记应该与将要重写的虚方法相同。

【例 4-9】 继承多态性。

```
class People
{
    private string _name;
    private int _age;

    public People(string name, int age)
    {
        _name = name;
        _age = age;
    }

    public void Print()
    {
        Console.WriteLine("姓名为:{0},年龄为:{1}", _name, _age);
    }

    public virtual void Eat()
    {
        Console.WriteLine("我是人,要吃饭");
    }
}

class Child : People
{
    public Child(string s, int a) : base(s, a)
    { }

    public override void Eat()
    {
        Console.WriteLine("我是小孩,用勺子吃饭");
```

```
        }
    }

    class Elder : People
    {
        public Elder(string s, int a)
            : base(s, a){ }

        public override void Eat()
        {
            Console.WriteLine("我是大人,用筷子吃饭");
        }
    }

    class Program
    {
        static void Main(string[] args)
        {
            People p = new Child("洋洋", 5);//使用父类的变量指向子类的对象
            p.Print();
            p.Eat();

            Console.WriteLine("**********");
            p = new Elder("张三", 30);//使用父类的变量指向子类的对象
            p.Print();
            p.Eat();
        }
    }
```

4.4 类型转换

在 C#中,类型转换主要分为两类:隐式类型转换和显式类型转换。隐式类型转换是系统自动进行的、不需要声明就可以进行;显式类型转换必须由用户明确指定转换的类型,属于强制类型转换。

4.4.1 用 Convert 类进行显式转换

Convert 类提供了很多方法用于基本数据类型之间的显示转换,使用 Convert 类的方法时可能会产生异常,例如,将一个字符串"abc"用 Convert.ToInt16() 来转换成 short 类型,执行时会引出异常。

Convert 用于转换的方法成员列表如表 4-2 所示。

如果在转换中由于丢失了某些最低有效位而导致精度降低,不会产生异常,但是如果结果超出了转换返回类型所能表示的范围,则会引发溢出异常。

表 4-2 Convert 用于转换的方法

命令	说明
Convert.ToBoolean（var）	将 var 值转换为等效的布尔值
Convert.ToChar（var）	将指定的值转为 unicode 字符
Convert.ToDecimal（var）	将指定值转换为 decimal 类型数字
Convert.ToDouble（var）	将指定值转换为双精度浮点数字（double）
Convert.ToSignal（var）	将指定值转换为单精度浮点数字（float）
Convert.ToSbyte（var）	将指定值转换为 8 位有符号整数（sbyte）
Convert.ToInt16（var）	将指定值转换为 16 位有符号整数（short）
Convert.ToInt32（var）	将指定值转换为 32 位有符号整数（int）
Convert.ToInt64（var）	将指定值转换为 64 位有符号整数（long）
Convert.ToByte（var）	将指定值转换为 8 位无符号整数（byte）
Convert.ToUint16（var）	将指定值转换为 16 位无符号整数（ushort）
Convert.ToUint32（var）	将指定值转换为 32 位无符号整数（uint）
Convert.ToUint64（var）	将指定值转换为 64 位无符号整数（ulong）
Convert.ToString（var）	将指定值转换为等效的 string 表示形式

4.4.2 异常处理

在应用程序运行时，由于使用者不熟悉或者其他原因，经常会导致程序无法按正常顺序运行甚至突然终止。在 C#语言中，使用异常（Exception）类及子类处理的方法来处理异常问题，它使应用程序可以解决出现的情况并继续执行，即使无法执行，异常处理也可以输出错误信息并平滑地终止程序的运行，体现了应用程序用户界面的友好性。

（1）异常类简介

在 C#中，如果应用程序在运行过程中出现了异常错误，就会创建异常类对象，大多数异常类对象都是 C#提供的异常类实例。

在 C#中，System.Exception 类是所有其他异常类的基类，它派生于 System.Object，其他异常类都是从 System.Exception 类派生出来的。C#异常类的层次结构（该层次结构未穷尽所有的异常类）如图 4-3 所示。

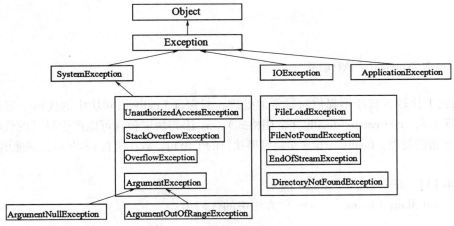

图 4-3 异常类的层次结构

System.Exception 及其子类提供了若干有助于解决程序异常的属性，使用最多的属性是 Message 属性，该属性提供有关异常的详细信息。

在使用异常类时，一般应该使用能够提供准确错误信息的异常子类。但若不知道能提供准确信息的异常类，可以使用其父类甚至 System.Excption 类的对象。

（2）捕获异常

在中 C#捕获异常通常有四种语句，即 try…catch、try…finally、try…catch–finally 和 throw 语句。

1）格式 1，try…catch 语句。try 语句块中包含可能产生异常的代码，catch 中编写对异常的处理代码。

【例 4-10】 try…catch 语句应用。

static void Main（string[ ] args）方法中的代码为：

```
try
{
    int b = int.Parse("abc");
}
catch(FormatException ex)
{
    Console.WriteLine(ex.Message);//打印出与异常相关的信息
}
```

2）格式 2，try…finally 语句。try 语句块包含可能产生异常的代码，finally 中指定最终都要执行的子语句。

【例 4-11】 try…finally 语句应用。

static void Main（string[ ] args）方法中的代码为：

```
try
{
    int b = int.Parse("abc");
}
finally
{
    Console.WriteLine("执行结束");
}
```

与格式 1 比较，程序不提供对异常的处理，只保证 finally 语句块中的代码一定被执行。

3）格式 3，try…catch…finally（常用格式）。try 语句块中包含可能产生异常的代码，catch 中指定对异常的处理，finally 中指定最终都要执行的子语句，放在所有 catch 后，只能出现一次。

【例 4-12】 try…catch…finally 应用。

static void Main（string[ ] args）方法中的代码为：

```
try
{
    int b = int.Parse("abc");
}
catch(FormatException ex)
{
```

```
        Console.WriteLine(ex.Message);
    }
    finally
    {
        Console.WriteLine("执行结束");
    }
```

4) throw 语句。throw 语句可以重新引发一个已捕获的异常,可被外围的 try 语句接收,throw 引发的异常称为显示引发异常。

【例 4-13】 throw 语句应用。
static void Main(string[] args)方法中的代码为:
```
try
{
    int b = int.Parse("abc");
    string str = null;

    if (str = null)
    {
        ArgumentException ex = new ArgumentNullException();
        throw ex;
    }
}
catch (ArgumentException ex)
{
    Console.WriteLine(ex.Message);
}
finally
{
    Console.WriteLine("执行结束");
}
```

4.4.3 类的引用转换

设有两个类 BaseClass 和 DerivedClass,DerivedClass 直接或间接派生于 BaseClass。如果把 DerivedClass 转换成 BaseClass,代码如下:
DerivedClass   d = new   DerivedClass();
BaseClass   b = d;
在 C#中,基类的引用可以指向子类的对象。

隐式引用转换还包括从类到其所实现的接口的转换以及从接口到其父接口的转换。而显式引用转换则要求源变量的值为 null 或者它所引用的对象的类型必须可以隐式转换为目标类型,否则转换失败并抛出异常。

4.5 集合与索引器

集合是程序开发过程中经常使用的一种数据结构，.NET 提供了用于实现集合的接口，如 IEnumerable、ICollection、IList 等，它们的实现为程序员提供了与集合交互的标准方式。常用的集合接口如表 4-3 所示。

表 4-3 常用的集合接口

接口	说明
ICollection	定义所有集合的大小、遍历数和同步方法
IDictionary	表示键–值对集合
IDictionaryEnumerator	用 foreach 语句遍历实现 IDictionary 的集合的元素
IEnumerable	公开遍历数，以支持对集合的遍历
IList	表示可按照索引进行访问的集合

在 C#中，从方便程序开发人员的角度出发，.NET 提供了一些常见的集合类，常用的集合类如表 4-4 所示。

表 4-4 集合类

类	说明
ArrayList	实现 IList 接口，大小可按需增加的数组
BitArray	管理位置的压缩数组，该值表示为布尔值
CollectionBase	为强类型提供抽象基类
Comparer	比较两个对象是否相等，字符串比较区分大小写
DictionaryBase	为键–值对的强类型提供抽象基类
HashTable	表示键–值对的集合，键–值对根据键的哈希代码进行组织，优化了检索
Queue	表示先入先出（FIFO）的队列集合
SortedList	表示键–值对的集合，键–值对按键排序，可以按照键和索引访问
Stack	表示后进先出（LIFO）的堆栈集合

4.5.1 集合类 ArrayList

集合是一组可以通过遍历每个元素来访问的一组对象，集合中的元素是一组紧密相关的数据，实际上数组也属于集合。在本书中只介绍 ArrayList 类的使用。

ArrayList 类是数组的复杂版本，在程序员不能预知数组大小的情况下，使用 ArrayList 是一种很好的选择，ArrayList 主要有以下特点：

1）ArrayList 只能是一维数组。
2）ArrayList 的下限始终为 0。
3）ArrayList 的元素都是 object 类型，因此在操作 ArrayList 元素的时候通常都要进行装箱和拆箱操作。
4）ArrayList 的元素数目可以自动扩展。

ArrayList 提供了各种常见的属性，如表 4-5 所示。

表 4-5　ArrayList 常用属性

属性名	属性说明
Counts	目前 ArrayList 包含的元素的数量，这个属性是只读的
Capacity	目前 ArrayList 能够包含的最大数量，可以手动地设置这个属性，但是当设置为小于 Count 值的时候会引发一个异常

说明：Capacity 是 ArrayList 可以存储的元素数，Count 是 ArrayList 中实际包含的元素数，Capacity 总是大于或等于 Count，如果在添加元素时，Count 超过 Capacity，则该列表的容量会自动加倍扩充。

ArrayList 提供了各种操作的方法，如表 4-6 所示。

表 4-6　ArrayList 常用方法

方法名	方法说明
int Add（object value）	用于添加一个元素到当前列表的末尾
void Remove（object obj）	用于删除一个元素，通过元素本身的引用来删除
void RemoveAt（int index）	用于删除一个元素，通过索引值来删除
void Insert（int index，object value）	用于添加一个元素到指定位置，列表后面的元素依次往后移动
void Sort（）	对 ArrayList 或它的一部分中的元素进行排序
void Reverse（）	将 ArrayList 或它的一部分中元素的顺序反转
Int IndexOf（object） Int IndexOf（object，int） Int IndexOf（object，int，int）	返回 ArrayList 或它的一部分中某个值的第一个匹配项的从零开始的索引。没找到返回 −1
Int LastIndexOf（object） Int LastIndexOf（object，int） Int LastIndexOf（object，int，int）	返回 ArrayList 或它的一部分中某个值的最后一个匹配项的从零开始的索引。没找到返回 −1
Bool Contains（object）	确定某个元素是否在 ArrayList 中。包含返回 true，否则返回 false
Void TrimSize（）	这个方法用于将 ArrayList 固定到实际元素的大小
Void Clear（）	清空 ArrayList 中的所有元素

【例 4-14】　ArrayList 综合应用。

```
public class Student
{
    private string _name;
    private int _age;

    public Student(string name,int age)          //构造函数
    {
        _name = name;
        _age = age;
    }

    public string Name
    {
        get{return _name;}
        set{_name = value;}
    }
```

```csharp
        public int Age
        {
            get{ return _age;}
            set{ _age = value;}
        }
    }
    class Class1
    {
        static void Main(string[ ] args)
        {
            ArrayList stuArr = new ArrayList( );        //实例化集合 ArrayList

            stuArr. Add( new Student("张三", 20));        //增加集合元素
            stuArr. Add( new Student("李四", 21));
            stuArr. Add( new Student("王二", 19));
            Console. WriteLine("现在学生的数量为:{0}", stuArr. Count);

            for (int i = 0; i < stuArr. Count; i++)
            {
                Console. WriteLine("学生的姓名是:{0}, 年龄是:{1}", ((Student) stuArr[i]). Name, ((Student) stuArr[i]). Age);
            }
        }
    }
```

运行结果如图 4-4 所示。

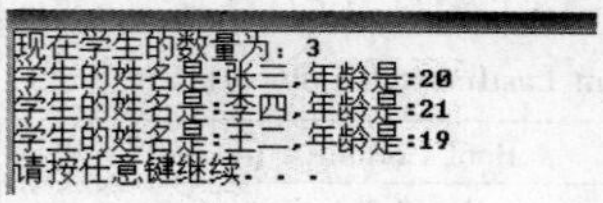

图 4-4 ArrayList 综合应用

4.5.2 索引器

索引器使得程序员可以用以索引数组相同的方式来索引类或结构的实例,对于一个类的集合,要访问其中的集合元素,比较方便的方式就是数组式的访问,而索引器(indexer)正好提供了对类的数组式访问功能。

如果一个类定义了索引器,这个类的实例就可以使用数组访问运算符[ ]进行访问。

索引器和性质类似,其声明语法如下:

[attributes] [modifiers] indexer – declarator {accessor – declarations}

Attributes 为属性。

modifiers 为修饰符,可使用的修饰符为 new 和访问修饰符 public、protected、internal、private。

indexer – declarator 有 type this [formal – index – parameter – list] 和 type interface – type this [formal – index – parameter – list] 两种形式。

其中,type 为索引器返回的对象类型;this 关键字表示集合中索引器指向对象的引用;interface – type 为接口名;formal – index – parameter – list 指定了用什么类型的参数遍历集合,通常是使用整数作为索引参数,也可以用其他类型的参数,如字符串。

accessor – declarations 为索引器访问器,它们指定与读写索引器元素有关的可执行语句,实际上就是通过定义 get 和 set 从集合中取值和给集合元素赋值。

例 4-15 说明如何定义索引器以对类进行数据式的访问。

【例 4-15】 索引器应用。

```
public class MyInt
{
    string[ ] _array;
    int index = 0;

    public MyInt( params string[ ] array)
    {
        _array = new string[256];  //初始化数组,数组长度为 256

        foreach (string s in array) //循环给数组_array 赋值
        {
            _array[index + +] = s;
        }
    }

    public void Add(string str)  //定义增加字符串数组元素的方法
    {
        _array[index + +] = str;
    }

    public string this[int count]  //定义索引器
    {
        get
        {
            return _array[count];
        }
        set
        {
            _array[count] = value;
        }
    }

    public int Length( )//定义获取字符串数组长度的方法
    {
        return index;
    }
}

class Program
```

```
        static void Main(string[] args)
        {
            MyInt myInt = new MyInt("you", "are", "a", "student", "!");

            for(int i = 0; i < myInt.Length(); i++)   //循环输出
            {
                Console.Write(myInt[i] + " ");
            }
        }
    }
```

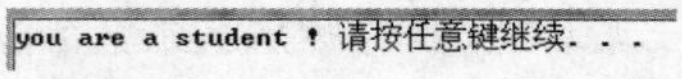

运行结果如图4-5所示。

图4-5 索引器应用

4.6 委托

委托包含对方法而不是方法名称的引用。使用委托可以在运行时动态设定要调用的方法，执行（或调用）一个委托将执行该委托引用的方法。

委托将名称与方法的定义连接起来，即将方法的实现附加到该名称，这样便可以使用该名称调用特定的方法。但是，委托要求方法的实现和委托必须具有相同的方法签名（即它们应该具有相同数量/类型的参数）和相同类型的返回值。

委托更像一个具有通用的方法名称，在不同的情况将该名称指向不同的方法，并通过委托执行这些方法。

使用委托包含以下步骤：

1）定义委托。
2）实例化委托。
3）调用委托。

4.6.1 定义委托

定义委托包含指定每个方法必须提供的返回类型和参数。委托的定义格式如下：

［访问修饰符］delegate 返回类型 委托名（）；
如：public delegate int Call（int num1，int num2）；

4.6.2 实例化委托

实例化委托意味着使其指向（或引用）某个方法。定义委托之后，需要对其进行实例化才能被调用。

要实例化委托，就要调用该委托的构造函数，并将要与该委托关联的方法（及其对象名称）作为其参数传递。

下面代码片段显示如何实例化定义的委托 Call。

```
public delegate int Call（int num1，int num2）；    //定义委托
```

【例4-16】 委托定义与实例化。
```
class Math　//新建类包含两个方法
{
    public int Add(int num1,int num2)
    {
        return num1 + num2;
    }

    public int Sub(int num1,int num2)
    {
        return num1 - num2;
    }
}

class Program
{
    static void Main(string[] args)
    {
        Call MyCall;　//委托对象

        math math = new Math();　//实例化类 Math
        MyCall = new Call(math.Add);　//将委托对象与 Add()方法关联起来
        MyCall = new Call(math.Sub);　//重新关联方法,使委托指向 Sub()方法
    }
}
```

4.6.3　调用委托

调用委托意味着使用委托对方法进行实例化,调用委托与调用方法相似,唯一的区别在于不是调用委托的实现（委托没有实现),而是调用与委托关联的方法的实现代码。

【例4-17】 委托的应用。
```
public delegate int Call(int num1,int num2);　//定义委托

class Math//新建类包含两个方法
{
    public int Add(int num1,int num2)
    {
        return num1 + num2;
    }

    public int Sub(int num1, int num2)
    {
```

```csharp
        return num1 - num2;
    }
}

class Program
{
    static void Main(string[] args)
    {
        int result;
        Call myCall;  //委托对象

        Math math = new Math();  //实例化类 Math
        myCall = new Call(math.Add);  //将委托与方法关联起来
        result = myCall(10,20);  //调用委托
        Console.WriteLine(result);
        myCall = new Call(math.Sub);  //重新关联方法
        result = myCall(20, 10);
        Console.WriteLine(result);
    }
}
```
运行结果如图 4-6 所示。

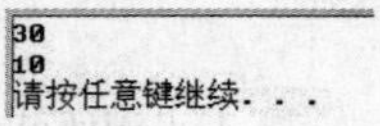

图 4-6　委托的应用

4.7　事件

事件是对象发送的消息，通知操作的发生，当事件发生时，由其他类响应事件。一个对象提供了事件，并把这事件对外发布以供其他类订阅。订阅事件的类也可以成为发布事件的用户类。当发布事件的类产生事件时，所有相应的用户类都将得到通知，并提供对事件的响应。

委托是事件的基础，事件是通过委托来实现的。发布事件的类定义用委托声明的事件，在用户类中定义响应事件的方法，该方法和事件通过委托进行关联。

4.7.1　定义事件

C#中的事件借助委托调用已订阅事件的对象中的方法，当发行者引发事件时，很可能调用多个委托（根据订阅事件的对象数量）。

事件定义语法为：

［访问修饰符］event 委托名 事件名；

定义事件时，发行者首先定义委托，然后根据该委托定义事件。如：

public delegate void MyDelegate ( );
private event MyDelegate MyEvent;

委托限定事件引发函数的类型，即函数的参数个数、类型以及函数的返回值类型。

4.7.2 订阅事件

订阅事件只是添加了一个委托,事件引发时该委托将调用一个方法。下面代码显示事件存在时如何为对象订阅事件。

MyEvent + = new MyDelegate(objA.Method);   //objA 方法订阅了事件 MyEvent
MyEvent + = new MyDelegate(objB.Method);   //objB 方法订阅了事件 MyEvent

其中对象 objA 和对象 objB 分别订阅了事件 MyEvent。当事件 MyEvent 被引发时,则会执行对象 objA 的名为 Method( ) 的方法、对象 objB 的名为 Method( ) 的方法。

4.7.3 引发事件

要通知订阅某个事件的所有对象,需要引发该事件,如:

```
if(condition)
{
    MyEvent( );   //引发 MyEvent 事件
}
```

在上面代码中,对特定条件进行了检查,如果指定的条件为真,则引发事件 MyEvent。请注意,调用事件的语法与调用方法的语法相同。引发 MyEvent 时,将调用订阅此特定事件的对象的所有委托。如果没有对象订阅该事件,在事件被引发时,则会引发异常。

【例 4-18】 引发事件应用。

```
class Student
{
    private string _name;
    public delegate void MyDelegate( );//定义委托
    public event MyDelegate MyEvent;//通过委托定义事件

    public Student(string name)
    {
        _name = name;
    }

    public void Register( )
    {
        Console.WriteLine("学生{0}进行注册",_name);

        if (MyEvent ! = null)
        {
            MyEvent( );          //引发事件
        }
    }
}
```

```csharp
class Program
{
    static void Main(string[] args)
    {
        Console.WriteLine("请输入注册的学生姓名:");
        string studentName = Console.ReadLine();
        Student student = new Student(studentName);
        student.MyEvent += new Student.MyDelegate(student_MyEvent);
        student.Register();
    }

    private static void student_MyEvent()
    {
        Console.WriteLine("注册成功!");
        Console.ReadLine();
    }
}
```

例 4-18 注解：在 Student 类中，有一个成员变量_name 用于保存学生姓名，一个构造函数来初始化_name 变量。类的顶部先定义了一个无传入参数的 void 类型委托 MyDelegate，然后用这个委托定义了一个名为 MyEvent 的事件。用一个 Register() 方法用来进行学生注册（这里只是模拟注册，不进行任何操作，该方法只显示"学生进行注册"提示信息），注册完毕后引发 MyEvent 事件。在调用 Student 类的代码里，程序员可以通过这个事件进行一些注册完毕后的善后工作。如果这是一个数据库程序，程序员可以利用这个事件进行把注册学生总数累加一个类的操作。Student 类扮演事件发行者的角色。

Program 类调用 Student 类来进行注册学生，在这个范例中，实例化了一个 Student 类，然后用 student_MyEvent 函数订阅 MyEvent 事件，函数 student_MyEvent 所做的唯一事情就是显示"注册成功"的提示信息，然后等待用户输入。需要注意：订阅事件 MyEvent 的函数，其类型（参数类型和返回类型）跟 MyDelegate 委托完全一致。Program 类扮演订阅者的角色。

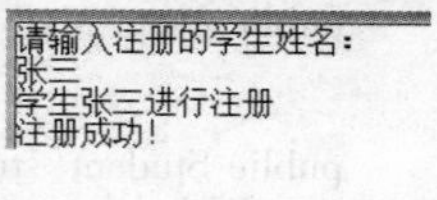

运行结果如图 4-7 所示。

图 4-7 引发事件的应用

4.8 总结

1）介绍了 C#中类的继承与多态性，这两个概念都很重要，需要多理解；
2）介绍了 C#中接口概念和应用，只要了解接口的定义方法；
3）介绍了 C#中的类型转换的一些有关操作，重点在于 Convert 类的使用；
4）介绍了 C#中的集合和索引器，重点是 ArrayList 的使用；
5）介绍了 C#中的委托概念及对委托的使用，重点在于委托的使用；
6）介绍了 C#中的事件，重点是事件的定阅及触发。

4.9　实训

1）把 0~100 这 101 个数据添加到 ArrayList 的对象中，将这些数据逆序打印，并求这些数据的和。

2）判断从键盘输入的数字是否为偶数，并给出相关信息，直到输入的数为负数为止。

3）练习例 4-6（所有课时的类型），练习例 4-16 和例 4-17（64 课时及以上）。

4.10　习题

1）查阅 MSDN 或网上资料，请列出 Array 类的常用属性、方法。

2）什么是委托，如何定义委托，什么是事件，如何定义事件？

第5章 文本文件操作

在数据采集与系统控制软件中，常常需要将数据保存到文件中，在各类文件中，文本文件是一种最常用、最简单的文件，本章重点讲解与文本文件相关的操作。

本章主要讲解与文件、目录、路径相关操作的类及其各种常用属性、方法，最后重点讲解与文本相关的类 StreamReader 和 StreamWriter。

本章的主要内容有：

1）与文件操作相关的命名空间 System.IO 命名空间。
2）与文件操作相关的类：File 类、FileInfo 类、FileStream 类。
3）与目录和路径相关操作的类：Director 类、DirectorInfo 类、Path 类。
4）读写文本文件的类：StreamWriter 类、StreamReader 类。

5.1 System.IO 命名空间

C#语言向用户提供了一个名为 System.IO 的命名空间，用于处理文件和流。System.IO 命名空间包含各种允许在数据流和文件上进行同步和异步读取及写入的类。

System.IO 命名空间包含允许读写文件和数据流的类型以及提供基本文件和目录支持的类型。与文件或目录相关的常见类如表 5-1 所示，与文件或目录操作相关的枚举如表 5-2 所示。

表 5-1 与文件或目录相关的常见类

类	说 明
BinaryReader	用特定的编码将基元数据类型读作二进制值
BinaryWriter	以二进制形式将基元类型写入流，并支持用特定的编码写入字符串
Directory	公开用于创建、移动和枚举通过目录和子目录的静态方法。无法继承此类
DirectoryInfo	公开用于创建、移动和枚举目录和子目录的实例方法。无法继承此类
File	提供用于创建、复制、删除、移动和打开文件的静态方法，并协助创建 FileStream 对象
FileInfo	提供创建、复制、删除、移动和打开文件的实例方法，并且帮助创建 FileStream 对象。无法继承此类
FileStream	公开以文件为主的 Stream，既支持同步读写操作，也支持异步读写操作
Path	对包含文件或目录路径信息的 String 实例执行操作。这些操作是以跨平台的方式执行的
Stream	提供字节序列的一般视图
StreamReader	实现一个 TextReader，使其以一种特定的编码从字节流中读取字符
StreamWriter	实现一个 TextWriter，使其以一种特定的编码向流中写入字符

表 5-2 与文件或目录操作相关的常用枚举

枚举	说 明
DriveType	定义驱动器类型常数，包括 CDRom 等
FileAccess	定义用于控制对文件的读访问、写访问或读/写访问的常数
FileAttributes	提供文件和目录的属性
FileMode	指定操作系统打开文件的方式
FileOptions	表示用于创建 FileStream 对象的附加选项
FileShare	用于控制其他 FileStream 对象对本文件的访问权限

使用与文件、文件夹及流相关的类时,首先需要添加 System.IO 命名空间。

5.2 用于文件操作的类

文件是存储在外部介质上数据的集合,操作系统以文件为单位对数据进行管理的。本节主要介绍下面三种用于文件输入、输出操作的主要类。

5.2.1 File 类

File 类提供了用于创建、复制、删除、移动和打开文件的静态方法,直接使用类名调用这些方法。File 类的常用静态方法如表 5-3 所示。

表 5-3 File 类的常用静态方法

方法	说　明
Create	在指定的路径中创建文件
Delete	删除文件。如果指定的文件不存在,则不会引发异常
Exists	确定指定的文件是否存在
Move	将指定文件移到新位置
Open	打开指定路径上的 FileStream 对象
Copy	将现有文件复制到新位置
OpenRead	打开现有文件以进行读取,并返回一个 FileStream 对象
OpenWrite	打开现有文件以进行写入,并返回一个 FileStream 对象

【例 5-1】 使用 File 类,判断 D 盘根目录下是否存在 aa.txt,若存在,则打印出相关的信息,否则创建此文件,并打印出相关信息。

```
class Program
{
    static void Main(string [ ]args)
    {
        string filePath = @"d:\aa.txt";

        if(File.Exists(filePath))  //使用 Exists 方法判断文件是否存在
        {
            Console.WriteLine("该文件已经存在");
        }
        else
        {
            File.Create(filePath);  // 使用 Create 方法创建文件
            Console.WriteLine("该文件已经创建");
        }
    }
}
```

5.2.2 FileInfo 类

FileInfo 类提供创建、复制、删除、移动和打开文件的实例方法,许多方法类似于 File

83

类的方法。在对文件进行操作时，若只对文件进行单一操作，可以选用 File 类，若要对文件进行多次操作，则使用 FileInfo 的实例对象。

FileInfo 类的方法与 File 类方法基本相同，FileInfo 类还有一些关于文件的属性。一些常用的属性如表 5-4 所示。

表 5-4 FileInfo 类的常用属性

属性	说 明
Directory	获取父目录的 DictionaryInfo 实例
DictionaryName	返回文件目录的完整路径的字符串
Exists	判断文件是否存在
Length	获取当前文件的大小
Name	获取文件名
FullName	获取文件的完整路径
Attributes	获取或设置当前文件的属性

【例 5-2】 使用 FileInfo 类，判断 D 盘根目录下是否存在 aa.txt，若存在，则打印出相关的信息，否则创建此文件，并打印出相关信息。

```
class Program
{
    static void Main(string[ ] args)
    {
        string filePath = @"d:\aa.txt";
        FileInfo finfo = new FileInfo(filePath);
        if(finfo.Exists) //判断要创建的文件是否存在
        {
            Console.WriteLine("该文件已经存在");
        }
        else
        {
            File.Create(filePath); //使用 Create 方法创建文件
            Console.WriteLine("该文件已经创建");
        }
    }
}
```

5.2.3 FileStream 类

FileStream 类表示指向文件的流，能够以同步或异步两种模式打开文件。FileStream 对象支持使用 Seek 方法随机访问文件。

FileStream 类的常用方法如下。

（1）最常用的构造方法

1）FileStream（String，FileMode，FileAccess）。

public FileStream（string path，FileMode mode，FileAccess access）：使用指定的路径、创建模式和读/写权限初始化 FileStream 类的新实例。

2）FileStream（String，FileMode，FileAccess，FileShare）。

public FileStream（string path，FileMode mode，FileAccess access，FileShare share）：使用指定的路径、创建模式、读/写权限和共享权限创建 FileStream 类的新实例。

其中 FileMode 是一个常数（枚举类型），指定如何打开或创建文件，其主要成员如表 5-5 所示。

表 5-5 枚举 FileMode 的常用成员

FileMode 成员	说　　明
Append	打开现有文件并定位到文件尾，或者创建一个新文件
Create	创建新文件，如果文件存在就清除其内容
CreateNew	创建新文件，如果文件存在就引发异常
Open	打开现有文件，如果文件不存在就引发异常
OpenOrCreate	如果文件存在，就打开文件，如果文件不存在就创建新文件
Truncate	打开文件并清除文件内容，如果文件不存在就引发异常

其中 FileAcess 是一个常数（枚举类型），指定如何访问文件，其主要成员如表 5-6 所示。

表 5-6 枚举 FileAcess 的成员

FileAcess 成员	说　　明
Read	对文件的读访问
ReadWrite	对文件的读访问和写访问
Write	对文件的写访问

其中 FileShare 是一个常数（枚举类型），确定文件如何由进程共享，其主要成员如表 5-7 所示。

表 5-7 枚举 FileShare 的成员

FileShare 成员	说　　明
None	谢绝共享当前文件。文件关闭前，打开该文件的任何请求都将失败
Read	允许随后打开文件读取。如果未指定此目标，则文件关闭前，任何打开该文件以进行读取的请求都将失败
ReadWrite	允许随后打开文件读取或写入。如果未指定此目标，则文件关闭前，任何打开文件以进行读取或写入的请求都将失败
Write	允许随后打开文件写入。如果未指定此目标，则文件关闭前，任何打开该文件以进行写入的请求都将失败

（2）CopyTo（）

CopyTo（）用于从当前文件复制内容到另一个流，最常用的方法如下。

1）CopyTo（Stream）。

public void CopyTo（Stream destination）：从当前流中读取字节并将其写入到另一流中。

2）CopyTo（Stream，Int32）。

public void CopyTo（Stream destination，int bufferSize）：使用指定的缓冲区大小，从当前流中读取字节并将其写入到另一流中。

（3）Write（Byte []，Int32，Int32）

public override void Write（byte [] buffer，int offset，int count）：将字节块写入文件流，

重写了 Stream.Write（Byte[], Int32, Int32）。

（4）WriteByte（byte value）

public override void WriteByte（byte value）：一个字节写入文件流中的当前位置，并将读取位置提升一个字节。

（5）Read（Byte[], Int32, Int32）

public override int Read（byte[] array, int offset, int count）：从流中读取字节块并将该数据写入给定缓冲区中。

（6）ReadByte（）

public override int ReadByte（）：从文件中读取一个字节，并将读取位置提升一个字节，重写了 Stream.Read（）。

（7）Flush（）

public override void Flush（）：清除此流的缓冲区，使得所有缓冲数据都写入到文件中。

【例 5-3】 使用 FileStream 类该问"D:\bb.txt"文本文件，并将"aaaaaaaaaaaaaaaa-aaaaaaaaaaaaaaaa"信息写入到 bb.txt 文件中，将"D:\bb.txt"中的内容读出来。

```
static void Main(string[] args)
{
    string fileName = @"D:\bb.txt";
    string str = "aaaaaaaaaaaaaaaaaaaaaaaaaaaaaaaa";
    byte[] dataArray = Encoding.Default.GetBytes(str);
    FileStream fStream = new FileStream(fileName, FileMode.Create);

    for(int i = 0; i < dataArray.Length; i++)
    {
        fStream.WriteByte(dataArray[i]);
    }

    fStream.Seek(0, SeekOrigin.Begin);

    for(int i = 0; i < fStream.Length; i++)
    {
        if(dataArray[i] != fStream.ReadByte())
        {
            Console.WriteLine("Error writing data.");
            return;
        }
    }

    Console.WriteLine("The data was written to {0}" + "and verified.", fStream.Name);
}
```

运行结果如图 5-1 所示。

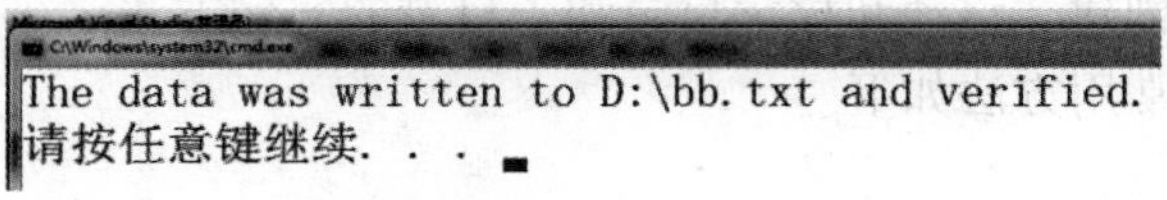

图 5-1 FileStream 读写文件

5.3 目录和路径操作类

5.3.1 Directory 类

Directory 类提供了用于移动、复制、删除目录的静态方法，Directory 类的所有方法都是静态的，直接使用类名调用。Directory 类中最常用的静态方法如表 5-8 所示。

表 5-8 Directory 类中常用的静态方法

方法	说　　明
CreateDirectory	创建目录和子目录
Delete	删除目录及其内容
Exists	确定给定的目录字符串是否存在物理上对应的目录
Move	将文件和目录内容移到新位置
GetCurrentDirectory	获取应用程序的当前工作目录
SetCurrentDirectory	将应用程序的当前工作记录设置为指定的目录
GetCreationTime	获取目录的创建日期和时间
GetDirectories	获取指定目录中子目录的名称
GetFiles	获取指定目录中文件的名称

【例 5-4】 使用 Directory 类判断 D 盘中是否有名 aa 目录，若没有则创建该目录。

```
static void Main(string[] args)
{
    string myDir = @"d:\aa";

    if (Directory.Exists(myDir))   // Exists 方法判断文件夹是否存在
    {
        Console.WriteLine("该文件夹已经存在");
    }
    else
    {
        //使用 Directory 类的 CreateDirectory 方法创建文件夹
        Directory.CreateDirectory(myDir);
        Console.WriteLine("d:\\aa 目录已创建");
    }
}
```

运行结果如图 5-2 所示。

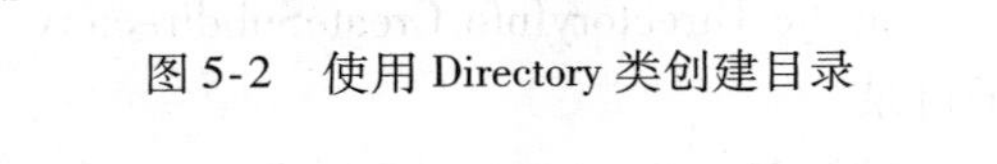

图 5-2 使用 Directory 类创建目录

5.3.2 DirectorInfo 类

Directory 类的所有方法都是静态的，因此可以在没有类实例的情况下进行调用。而 Directoryinfo 类提供用于创建、移动和枚举目录和子目录的实例方法。

DirectoryInfo 类的常用方法如下。

（1）构造方法

DirectoryInfo 的构造方法是 DirectoryInfo（String）。

public DirectoryInfo（string path）：初始化指定路径上的 DirectoryInfo 类的新实例。

（2）GetDirectories（）

获取当前目录或指定目录下的子目录，但不包含子目录中的子目录，常用的方法如下。

1）GetDirectories（）。

public DirectoryInfo［］GetDirectories（）：返回当前目录的子目录。

2）GetDirectories（String）。

public DirectoryInfo［］GetDirectories（string searchPattern）：返回当前 DirectoryInfo 中与给定搜索条件匹配的目录的数组。

其中参数 searchPattern 可包含有效路径和通配符（* 和 ?）字符，但不支持正则表达式。默认模式为"*"，该模式返回所有文件。

（3）GetFiles（）

获取当前目录或指定目录下的文件，常用的方法如下。

1）GetFiles（）。

public FileInfo［］GetFiles（）：返回当前目录的文件列表。

2）GetFiles（string searchPattern）。

public FileInfo［］GetFiles（string searchPattern）：返回指定目录中文件的名称（包括其路径）。

（4）Delete（）

删除当前目录或指定目录，常用的方法如下。

1）Delete（）。

public override void Delete（）：如果此 DirectoryInfo 为空则将其删除。覆盖 FileSystem-Info.Delete（）。

2）Delete（Boolean）。

public void Delete（bool recursive）：删除 DirectoryInfo 的此实例，指定是否删除子目录和文件。

其中参数 recursive 决定是否要删除目录，若设置为 true 则删除此目录（不管是否为空）；当设置为 false 时，可以删除此空目录，若此目录不为空，则出现异常。

（5）Create（）方法

public void Create（）：用于创建目录。

（6）CreateSubdirectory（string）方法

public DirectoryInfo CreateSubdirectory（string path）：用于在指定路径上创建一个或多个子目录。

（7）MoveTo（string）方法

public void MoveTo（string destDirName）：用于将 DirectoryInfo 实例及其内容移动到新路径。

【例5-5】 File、FileInfor、Directory、DirectoryInfo 类综合使用。

在 D 盘或 E 盘的根目录上创建目录 bb, 将复制一些文件和文件夹到 bb 目录中。再使用 DirectoryInfo 类在 D 盘中创建 aa 目录, 将 bb 目录中的所有内容复制到 aa 目录中, 并删除 bb 目录。

```
static void Main(string[ ] args)
{
    string path1 = @ "d:\aa";
    string path2 = @ "d:\bb";
    DirectoryInfo dir = new DirectoryInfo(path1);

    if (! dir.Exists)     //若指定的目录不存在,则创建
    {
        dir.Create();
    }

    dir = new DirectoryInfo(path2);
    FileInfo[ ] files = dir.GetFiles();

    foreach (FileInfo f in files)
    {
        string sourceFile = f.FullName;
        string desFile = path1 + @ "\" + f.Name;//构造如 d:\aa\abc.txt 的文件名
        File.Copy(sourceFile, desFile);
    }

    Directory.Delete(path2, true);//删除目录,尽管该目录不是空的
    Console.WriteLine("已完成操作");
}
```

运行结果如图 5-3 所示。

图 5-3 例 5-5 运行结果

【例 5-6】 查找指定目录下及其所有子目录下所有文件, 请打印出带完整路径的文件名。

此题的解题思路为: 使用递归调用法。所谓递归调用: 函数自己调用自己的技术称为递归调用。

查找文件的递归调用函数如下。

```
static void FindAllFiles(string dirPath)
{
    string[ ] files = Directory.GetFiles(dirPath);//获取指定目录下的所有文件

    foreach (string f in files)//打印所有文件
    {
```

```
            Console.WriteLine(f);
    }
    string[] subDirs = Directory.GetDirectories(dirPath);//获取所有子目录
    for (int i = 0; i < subDirs.Length; i++)//使用递归法
    {
        FindAllFiles(subDirs[i]);//方法自己调用自己
    }
}
static void Main(string[] args)
{
    string dirPath = @"G:\Program Files (x86)";//最好是使用其他目录测试
    FindAllFiles(dirPath);
}
```

5.3.3 Path 类

同 Directory 类一样，Path 类的所有成员都是静态的，直接使用类名调用这些方法。Path 类的主要静态方法如表 5-9 所示。

表 5-9 Path 类的主要静态方法

方法	说明
ChangeExtension	更改路径字符串的扩展名
Combine	合并两个路径字符串
GetDirectoryName	返回指定路径字符串的目录信息
GetExtension	返回指定的路径字符串的扩展名
GetFileName	返回指定路径字符串的文件名和扩展名
GetFileNameWithoutExtension	返回不带有扩展名的指定路径字符串的文件名
GetFullPath	返回指定路径字符串的绝对路径
GetTempPath	返回当前系统的临时文件夹的路径
HasExtension	明确路径是否包括文件扩展名

5.4 读写文本文件

FileStream 类可以用于读、写各类型的文件，但对于文本文件，有更方便的类操作文本文件，在 C#中可以使 StreamWriter 类写文本文件，使用 StreamReader 类读文本文件，这节学习如何 StreamWriter 和 StreamReader 类的方法和属性来创建和读写文件。

5.4.1 StreamWriter 类

public class StreamWriter : TextWriter。

StreamWriter 类实现 TextWriter 用于将字符写入到流中特定的编码。StreamWriter 在默认情况下使用的一个实例 UTF8Encoding，除非另行指定。此构造函数的默认 utf-8 编码的无效字节上引发的异常。

StreamWriter 类的常用方法如下。

（1） 构造方法 StreamWriter（ ）

StreamWriter 类的构造方法有多种重载形式，常用的方法如下。

1） StreamWriter（Stream）。

public StreamWriter（Stream stream）：新实例初始化 StreamWriter 类为使用 utf-8 编码及默认的缓冲区大小指定的流。

2） StreamWriter（string）。

public StreamWriter（string path）：新实例初始化 StreamWriter 类为指定的文件使用默认的编码和缓冲区大小。

参数 path：带完整路径的文件名，如@"d:\abc\aa.txt"；

3） StreamWriter（String，Boolean）。

public StreamWriter（string path，bool append）：新实例初始化 StreamWriter 类为指定的文件使用默认的编码和缓冲区大小。如果该文件存在，则可以将其覆盖或向其追加；如果该文件不存在，此构造函数将创建一个新文件。

参数 append：true 若要将数据追加到该文件；false 覆盖该文件。如果指定的文件不存在，该参数无效，且构造函数将创建一个新文件。

4） StreamWriter（String，Boolean，Encoding，Encoding）。

public StreamWriter（string path，bool append，Encoding encoding）：新实例初始化。

StreamWriter 类通过使用指定的编码和默认的缓冲区大小指定的文件。如果该文件存在，则可以将其覆盖或向其追加；如果该文件不存在，此构造函数将创建一个新文件。

参数 encoding：System.Text.Encoding。

（2） Write（ ）方法

该方法有多种重载形式，可以写入多种格式的数据，最常用的是 Write（String）。

public override void Write（string value）：要写入流的字符串。如果 value 是 null，则不写入。写入数据后不写空行。

（3） WriteLine（ ）方法

WriteLine（ ）方法同 Write 方法相似，可以写入各种格式的数据，写完数据后，写入一个空行。

（4） Flush（ ）方法

public override void Flush（ ）：清理当前写入器的所有缓冲区，并使所有缓冲数据写入基础流。

（5） Close（ ）方法

public override void Close（ ）：关闭当前 StreamWriter 对象和基础流。

【例 5-7】 使用 StreamWriter 类向 D 盘 aa 目录下的文本文件 test.txt 写入一些信息。

Main（ ）方法中的代码为：

string path = @"d:\aa";

if（! Directory.Exists(path)）

```
    Directory.CreateDirectory(path);
}
```

```
string fileName = @"d:\aa\test.txt";
StreamWriter writer = new StreamWriter(fileName, true);
writer.WriteLine("www.niit.edu.cn");//将"www.niit.edu.cn"信息写入文件中
writer.Flush();
writer.Close();
Console.Write("内容已写入{0}文件中", fileName);
```

5.4.2 StreamReader 类

StreamReader 类实现一个 TextReader，使其以一种特定的编码从字节流中读取字符。

StreamReader 类有许多方法，主要的方法如下。

(1) StreamReader() 构造方法

StreamReader() 构造方法与 StreamWriter() 相关，有多种重载形式，常用的方法如下。

1) StreamReader(Stream)。

public StreamReader(Stream stream)：为指定的流初始化 StreamReader 类的新实例。

2) StreamReader(String)。

public StreamReader(string path)：为指定的文件名初始化 StreamReader 类的新实例。此构造函数初始化编码成 UTF8Encoding 和缓冲区大小为 1024 个字节。

3) StreamReader(String, Encoding)。

public StreamReader(string path, Encoding encoding)：用指定的字符编码，为指定的文件名初始化 StreamReader 类的一个新实例。

(2) ReadLine()

public override string ReadLine()：从当前流中读取一行字符并将数据作为字符串返回；如果到达了输入流的末尾，则为 null。

(3) ReadToEnd()

public override string ReadToEnd()：读取来自流的当前位置到结尾的所有字符。字符串形式的流的其余部分（从当前位置到结尾）。如果当前位置位于流结尾，则返回空字符串（""）。

(4) Close()

public override void Close()：关闭 StreamReader 对象和基础流，并释放与读取器关联的所有系统资源，覆盖 TextReader.Close()。

【例 5-8】 使用 StreamReader 类从 D 盘 aa 目录下的文本文件 test.txt 文件逐行读出所有信息。

static void Main(string[] args) 中的代码为：

```
string fileName = @"d:\aa\test.txt";

if (File.Exists(fileName))
```

```
            StreamReader reader = new StreamReader(fileName);
            string contents = reader.ReadLine();

            while(contents ! = null)//若读到的内容为null,表示已到文件末尾
            {
                Console.WriteLine(contents);
                contents = reader.ReadLine();
            }
        }
        else
        {
            Console.WriteLine(fileName + "文件不存在");
        }
```

测试前,先在 test.txt 文件中输入以下内容:

www.niit.edu.cn,
123456789,
abcdefg,
没有其他内容了。

运行结果如图 5-4 所示。

在例 5-8 中,由于调用了 StreamReader（string）构造函数,出现了混码,改成指定编码格式的 StreamReader（string,Encoding）构造函数,即 StreamReader reader = new StreamReader（fileName,Encoding.Default）,就可以避免出现混码的情况。运行结果如图 5-5 所示。

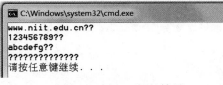 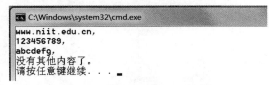

图 5-4　例 5-8 运行结果　　　　　　　　图 5-5　改进例 5-8 运行结果

5.5　总结

1) 介绍了 C#中的 System.IO 命名空间,重点了解本命名空间中的相关类、接口等类型。

2) 介绍了 C#中用于文件操作的类,重点了解 File 类和 FileInfo 这两个类在使用上的区别。

3) 介绍了 C#中目录和路径有关的类,重点了解 Director 类和 DirectorInfo 这两个类在使用上的区别。

4) 介绍了 C#中如何读写文本文件,重点了解 StreamReader 和 StreamWriter 这两类的作用及应用场合。

5.6　实训

实训 1:编写一个控制台应用程序,程序功能要求如下。

1）在 D 盘根目录下创建一个自己的姓名拼音缩写的目录，并在目录中创建一个名为 test.txt 的文本文件，将 0~100 按每行一个数字的方式存储在该文件中。

2）将 test.txt 文件复制到将 E 盘根目录下作为备份文件。

实训 2：编写一个程序控制台应用程序，查找指定目录及子目录下的所有.txt 格式文件（请参考例题 5-6），并将这些信息写入一个文本文件中（含该文本文件名）。

5.7 习题

查阅 MSDN，列出 StreamReader 类和 StreamWriter 类的常用属性和方法。

第6章 基于 WinForm 的 Windows 应用程序开发

前几章介绍的是控制台应用程序，是一种在命令窗体模式下运行的应用程序，没有良好的人机交互界面，使用不方便，本章开始将学习窗体式应用程序，即 Windows 应用程序。

在 .NET 平台下开发窗体式应用程序，是基于 WinForm 的 Windows 应用程序开发，本章的主要内容是：

1) 了解什么是控件的属性和事件。
2) 了解常用的控件类型。
3) 掌握在属性窗体中设置控件属性。
4) 掌握使用代码读取和设置控件属性。
5) 掌握控件的事件驱动程序设计。

6.1 控件的属性和事件

（1）控件的属性

控件都具有许多属性，由于 .NET 中大多数控件都派生于 System.Windows.Forms.Control 类，所以它们都具有一些 Control 类最常见的属性，表 6-1 列出了这些属性。

表 6-1 Control 类的常见属性

属性名称	说 明
Anchor	设置控件的哪些边缘锚定到其容器边缘
Dock	设置控件停靠到父容器的哪一个边缘
BackColor	获取或设置控件的背景色
Cursor	获取或设置当鼠标指针位于控件上时显示的光标
Enabled	设置控件是否可以对用户交互做出响应
Font	获取或设置控件显示的文字的字体
ForeColor	获取或设置控件的前景色
Height	获取或设置控件的高度
Left	获取或设置控件的左边界到其容器左边界的距离
Name	获取或设置控件的名称
Parent	获取或设置控件的父容器
Right	获取或设置控件的右边界到其容器右边界的距离
TabIndex	获取或设置在控件容器上控件的 Tab 键顺序
TabStop	设置用户能否使用 Tab 键将焦点放到该控件上
Text	获取或设置与此控件关联的文本
Visible	设置是否在运行时显示该控件
Width	获取或设置控件的宽度

在一般场合的应用程序设计中，最需要关心的属性有 Name、Enabled、Visible、Text、Font。当然不同的控件需要关心的属性也有所不同，将在后面控件具体应用时再列出。

备注：在本书中，所有控件的 Font 属性设定为"宋体小四号"。

（2）控件的事件

Windows 窗体应用程序的设计是基于事件驱动的。事件是指由系统事先设定的、能被控件识别和响应的动作，例如单击鼠标、按下某个键等，事件最适用于图形用户界面。

在一般情况下，每个控件都有多个事件，当用户对控件对象进行某些操作（如单击某个按钮）时，系统就会将相关信息告诉这些事件。

调用事件的语法和调用一个方法类似，直接使用事件的名称，并传入事件的参数。事件驱动指程序不是完全按照代码文件中排列的顺序从上到下依次执行，而是根据用户操作触发相应的事件。设计 Windows 应用程序的很多工作就是为各个控件编写需要的事件代码，但一般来说只需要对必要的事件编写代码。在程序运行时由控件识别这些事件，然后去执行对应的代码。没有编写代码的事件是不会响应任何操作的。

Control 类定义了许多比较常见的事件，如表 6-2 所示。

表 6-2　Control 类的常见事件

事件名称	说　　明
Click	在单击控件时发生
DoubleClick	在双击控件时发生
DragDrop	当一个对象被拖到控件上，然后用户释放鼠标按钮后发生
DragEnter	在被拖动的对象进入控件的边界时发生
DragOver	在被拖动的对象在控件的范围时发生
KeyDown	在控件有焦点的情况下按下任一键时发生，在 KeyPress 事件前发生
KeyPress	在控件有焦点的情况下按下任一键时发生，在 KeyUp 事件前发生
KeyUp	在控件有焦点的情况下释放键时发生
GetFocus	在控件接收焦点时发生
LostFocus	在控件失去焦点时发生
MouseDown	当鼠标指针位于控件上并按下鼠标键时发生
MouseMove	在鼠标指针移到控件上时发生
MouseUp	当鼠标指针位于控件上并释放鼠标键时发生
Paint	在重绘控件时发生
Validated	在控件完成验证时发生
Validating	在控件正在验证时发生
Resize	在调整控件大小时发生

在一般场合的应用程序设计中，最常用的事件有 Click、DoubleClick。使用的事件与要实现的功能是相关的。如对于按钮而言，一般关心是的 Click 事件；对于文本控制而言，可能是 KeyUp 事件。具体的应用将在后面的内容中介绍。

（3）控件的命名规范

在使用控件的过程中，可以通过控件默认的名称调用。如果自定义控件名称，就要遵循控件的命名规范。常用的控件命名规范如表 6-3 所示。

表 6-3　常用控件的命名规范

控件名称	控件名称简写	标准命名举例
TextBox	txt	txtName
Button	btn	btnSend
ComboBox	cbox	cboxSelect
Label	lab	labName
DataGirdView	dgv	dgvName
Panel	pl	plName

(续)

控件名称	控件名称简写	标准命名举例
GroupBox	gbox	gboxCOM
TabControl	tcl	tclSelect
ListBox	lb	lbShow
Timer	tmr	tmrFirst
CheckBox	chb	chbMessage
RadioButton	rbtn	rbtnSecond
PictureBox	pbox	pboxSave
MonthCalendar	Mcalen	McalenToday

6.2　常用的控件及应用（一）

Windows 窗体遵循面向对象的方法，用于构建 Windows 窗体的用户界面的各种控件和组件都以类的形式提供。如前所述，Windows 窗体支持许多控件，在本节中探讨最常用的控件。可以调用 Windows 窗体中"工具箱"中的控件并将其放在窗体上。

本节将讲解图 6-1 中窗体上所用到的控件。

6.2.1　窗体（Form）

窗体 Form 可以看成是一个特殊的控件，是一个容器，主要用于定义应用程序的边界及容纳其他控件。

图 6-1　具有基本控件的窗体

窗体 Form 的常用属性、方法和事件如表 6-4 所示。

表 6-4　窗体 Form 的常用属性、方法和事件

	名称	说　　明
属性	Name	获取或设置窗体的名称
	Text	获取或设置窗体标题栏上显示的文字
	Icon	设置窗体标题栏上显示的图标
	Enabled	设置窗体内的所有控件是否可以对用户交互作出响应
	StartPosition	获取或设置运行时窗体的起始位置
	ControlBox	获取或设置一个值，该值指示在该窗体的标题栏中是否显示控制框
	MaximumBox	获取或设置一个值，该值指示是否在窗体的标题栏中显示最大化按钮
	MinimizeBox	获取或设置一个值，该值指示是否在窗体的标题栏中显示最小化按钮
	IsMdiChild	获取一个值，该值指示该窗体是否为多文档界面（MDI）子窗体
	IsMdiContainer	获取或设置一个值，该值指示窗体是否为多文档界面（MDI）中的子窗体的容器
	MdiParent	获取或设置此窗体的当前多文档界面（MDI）父窗体
	ShowInTaskbar	获取或设置一个值，该值指示是否在 Windows 任务栏中显示窗体
	FormBoarderStyle	设置窗体大小改变样式，取值范围有：None、FixedSingle、Sizable 等
方法	Show（）	设置显示窗体
	Hide（）	设置隐藏窗体
事件	Load	载入事件，当窗体载入时触发该事件，并执行相应的代码
	Click	单击事件，单击该窗体时触发该事件，并执行相应的代码

特别声明：本书中所有程序窗体的 Form 属性设置为 BorderStylefixedSingle；MaximizeBox 属性设置为 False；StartPosition 属性设置为：CenterScreen。

6.2.2 标签控件（Label）

Windows 窗体的标签控件用于显示用户不能编辑的文本或图像，该控件是用于对窗体中其他各个控件进行标注或说明。

在图 6-1 中，"职员姓名""地址""职务"和"当前部门名称"都是标签。在窗体中添加标签控件时，将创建一个 Label 类的实例。标签控件在 Windows 窗体工具箱中显示为图标 **A** Label。

Label 控件有许多属性、方法，一般不使用该控件的事件，其常用属性和方法如表 6-5 所示。

表 6-5　Label 控件的常用属性和方法

	名称	说　明
属性	Name	获取或设置控件的名称
	Text	获取或设置与此控件关联的文本
	Font	获取或设置控件显示的文字的字体
	Visible	设置是否在运行时显示该控件
	Enabled	设置控件是否可以对用户交互作出响应
	BackColor	获取或设置控件的背景色
	TextAlign	决定 Label 控件上的文本的对齐方式
事件	Hide（）	将该 Label 控件隐藏
	Show（）	将该 Label 控件显示

将 Label 控件放置在窗体中时，Visual Studio. Net 将创建 System. Windows. Forms. Label 类的变量，如：

private System. Windows. Forms. Label label1；

this. label1 = new System. Windows. Forms. Label（）；

标签控件一般仅仅用于显示标注信息，一般仅需要会通过属性栏设置其 Font 属性、Text 属性即可，很少需要编写事件代码。

6.2.3 文本控件（TextBox）

文本框控件用于获取用户输入的信息或向用户显示文本，文本框控件在 Windows 工具箱中显示为图标 **abl** TextBox。

文本框控件 TextBox 有许多属性、方法和事件，常用的属性、方法和事件如表 6-6 所示。

表 6-6　文本框最常用的属性、方法和事件

	名称	说　明
属性	Name	获取或设置控件的名称
	Text	获取或设置与此控件关联的文本
	Font	获取或设置控件显示的文字的字体
	Enabled	设置控件是否可以对用户交互作出响应
	MaxLength	该属性表示可在文本框中输入的最大字符数
	Multiline	该属性的值表示是否可在文本框中输入多行文本

(续)

	名称	说明
属性	PasswordChar	该属性表示显示的字符，而不是实际输入的文本
	ReadOnly	该属性的值确定文本框中的文本是否为只读
	ScrollBars	该属性用于指定是否在多行文本框中显示滚动条
	TextAlign	决定 Button 控件上的文本的对齐方式
方法	Clear（）	该方法删除文本框内现有的所有文本
	Focus（）	使文本框获得焦点，光标在文本框中闪烁
事件	KeyPress	用户按一个键结束时将发生该事件
	TextChanged	这是 TextBox 控件的默认事件，修改文本框内的文本时将触发该事件

文本框控件设置文本框的代码如下：

this. textBox1. Text = "C#学习"；

this. textBox1. TabIndex = 1；

通常文本框值用来接收输入的短信息，如姓名、地址等。

当文本框用于密码输入框时，需要设置 PasswordChar 的属性值，一般会设置为"*"。

6.2.4 按钮控件（Button）

按钮控件提供用户与应用程序交互的最简便方法，用户可以单击该按钮来执行相关操作，一般用于执行某个操作的确认，例如关闭窗口、开始执行数据库、把输入的数据提交到数据库中等。按钮控件在 Windows 窗体工具箱中显示为图标 ab Button。

一般而言，Button 按钮控件只使用属性和事件，常用的属性和事件如表 6-7 所示。

表 6-7 Button 按钮控件常用的属性和事件

	名称	说明
属性	Name	获取或设置控件的名称
	Text	获取或设置与此控件关联的文本
	Font	获取或设置控件显示的文字字体
	Visible	设置是否在运行时显示该控件
	Enabled	设置控件是否可用
	TextAlign	决定 Button 控件上的文本的对齐方式
事件	Click	单击按钮时将触发该事件

提示：要将按钮标识为默认值，请将窗体的 AcceptButton 属性设置为该按钮。随后，在用户按下 Enter 键时，将引发该默认按钮的按钮 Click 事件。

6.2.5 列表框控件（ListBox）

列表框控件用于显示一个完整的选项列表，用户可从中选取一个或多个选项。列表中的每个元素都是一个"项"，列表框控件在窗体工具箱中显示图标 ListBox。

列表框控件常用的属性和事件如表 6-8 所示。

其中 Items 属性：用于存放列表框中的列表项，是一个集合。通过 Items 的 Add（）方法，可以添加列表项；通过 Items 的 ReMove（）方法可以移除列表项；通过 Items 的 Clear（）方法可以移除列表所有项；通过 Items 的 Count 属性，获得列表中项的数目。

表 6-8 列表框常用的属性和事件

	名称	说明
属性	Name	列表框控件的名称
	Font	列表框控件中显示内容的字体
	Items	列表框中的所有的项
	MultiColumn	列表框是否有多列
	SelectionMode	设置为 SelectionMode.MultiSimple 或 SelectionMode.MultiExtended（它指示多重选择 ListBox）时使用
	SelecetedIndex	当前选定项目的索引号，从 0 开始
	SelectedItem	获取当前选定项的值
	SelectedItems	获取所有当前选定项的值
	SelectedValue	表示当前选定项的值
	Sorted	决定是否对列表框中的项进行排序
	Text	当前选定项的文本
事件	SelectedIndexChanged	当在列表框中选择的内容发生变化时触发该事件

在图 6-1 的例子中，程序员在窗体装载的事件中为列表框 lstDept 增加几个选择项，代码如下。

```
private void frmUserAdd_Load(object sender, EventArgs e)
{
    this.lstDept.Items.Add("软件部");
    this.lstDept.Items.Add("硬件部");
    this.lstDept.Items.Add("财务部");
    this.lstDept.Items.Add("人事部");
}
```

6.2.6 组合框控件（ComboBox）

组合框控件结合了文本框和列表框控件的特点，该控件允许用户在组合框内输入文本或从列表中进行选择来选定项目，ComboBox 类派生自 ListControl 类，它几乎支持列表框控件的所有属性。组合框控件在 Windows 窗体工具箱中显示图标 ComboBox。

组合框控件的属性、方法和事件与 ListBox 控件有相同部分，除了 ListBox 控件的常用属性以外，组合框控件还有自己特有的属性，表 6-9 中列出了组合框控件特有的常用属性。

表 6-9 组合框特有的属性

	名称	说明
属性	DropDownStyle	控件的样式。不同的样式包括 Simple（直铺式）、DropDownList（下拉列表式）和 DropDown（下拉式），DropDown 是默认样式
	MaxDropDownItems	单击控件的向下箭头时下拉区显示的最大项目数

在图 6-1 图中，设置组合框 cboxDesig 的 DropDownStyle 的属性值为"DropDownList"，在窗体的加载事件中增加以下代码，为组合框增加选项值（注意选项值也可以在设计的时候通过 Items 属性进行添加）。

窗体的加载事件中的代码为：

```
this.cboxDesig.Items.Add("总裁");
this.cboxDesig.Items.Add("副总裁");
```

```
this.cboxDesig.Items.Add("首席执行官");
this.cboxDesig.Items.Add("经理");
this.cboxDesig.SelectedIndex=3;  //等价于 this.cboxDesig.Text = "经理";
```

在组合框 cboxDesig 的 SelectedIndexChanged 事件中编码为：
```
private void cboxDesig_SelectedIndexChanged(object sender, EventArgs e)
{
    MessageBox.Show("选择的是"+(this.cboxDesig.SelectedIndex + 1).ToString(),"选择的信息");
    MessageBox.Show("选择的职务是"+this.cboxDesig.Text,"选择的信息");
}
```

6.2.7 应用程序示例

【例 6-1】 创建一个使用控件的应用程序。在初始状态下，这些控件是禁用的。"添加"按钮可启用所有的控件，"取消"按钮可清除控件中的值，"退出"按钮显示列表框中选定的项目并退出应用程序。用户为组合框选定选项时，选定项目将显示在消息框中。

操作的步骤如下。

Step1　新建一个 Windows 应用程序项目。

将此项目命名为 EmployeeDetails。此时将显示"设计"窗口。单击"视图"→"解决方案资源管理器"，显示图 6-2 所示的"解决方案资源管理器"窗体。

1）将 Form1.cs 文件修改为 frmEmployees.cs。

2）单击"视图"→"属性"，显示窗体的"属性"窗体，如图 6-3 所示。

3）将窗体的 Name 属性修改为 frmEmployees，Text 属性修改为"职员详细信息"。

4）单击"视图"→"工具箱"，调用"工具箱"窗格，如图 6-4 所示。

图 6-2　"解决方案资源管理器"窗格　　图 6-3　属性窗体　　图 6-4　工具箱

Step2　拖动工具箱中的控件。

设计图 6-1 所示的窗体，并为各个控件设置相关属性，如表 6-10 所示。

1）选择"cboxDesig"控件，并在属性栏中单击"Items"属性。此时出现"字符串集合编辑器"，添加图 6-5 所示的项目。

2）添加"软件部""硬件部""财务部"和"人事部"这些内容到 lbCurrDeptName 控件中。

3）将 txtEmpName、txtAdress、cboxDesig、lbCurrDeptName 四个控件中的 Enabled 属性修改为 False，禁用这些控件。

表 6-10 属性设置窗体

控件	名称	文本	说明
Label	lblEmpName	职员姓名	
Label	lblAddress	地址	
Label	lblDesig	职务	
Label	lblCurrDept	当前部门名称	
TextBox	txtEmpName		
TextBox	txtAdress		
ComboBox	cboxDesig	经理	
ListBox	lbCurrDeptName		
Button	btnAdd	添加（&A）	
Button	btnCancel	取消（&C）	
Button	btnExit	退出（&E）	

Step3　为各个控件添加事件驱动代码。

1）选择窗体上的"添加"按钮。在"属性"窗口中单击"事件"工具栏按钮，如图 6-6 所示。

图 6-5　给"cboxDesig"控件添加项目

图 6-6　给"添加"按钮添加事件驱动代码

双击当前"属性"窗口中的 Click 事件。生成"添加"按钮的 Click 事件代码，在该方法内编写启用所有控件的代码。

```
private void btnAdd_Click(object sender, EventArgs e)
{
    this.txtEmpName.Enabled = true;
    this.txtAddress.Enabled = true;
    this.cboxDesig.Enabled = true;
    this.lbCurrDeptName.Enabled = true;
}
```

2）在"取消"按钮的 Click 事件中编写代码。该代码将清除文本框中的内容，并将组合框中的文本修改为"经理"。

```
private void btnCancel_Click(object sender, EventArgs e)
{
    this.txtEmpName.Text = "";
    this.txtAddress.Text = "";//可以使用 txtAddress.Clear();
    this.cboxDesig.Text = "经理";
}
```

3) 在组合框的 SelectedIndexChanged 事件中编写以下代码。

```
private void cboxDesig_SelectedIndexChanged(object sender, EventArgs e)
{
    MessageBox.Show("选择了" + this.cboxDesig.SelectedItem.ToString());
}
```

4) 选定项目将显示在消息框中，如图 6-7 所示。将列表框的 SelectionMode 属性设置为 MultiSimple，现在用户可以选择列表框中的多个项目。

5) 在"退出"按钮的 Click 事件中编写如下代码。

```
private void btnExit_Click(object sender, EventArgs e)
{
    string str = "";
    for (int ctr = 0; ctr < this.lbCurrDeptName.SelectedItems.Count - 1; ctr++)
    {
        str += "\n" + this.lbCurrDeptName.SelectedItems[ctr].ToString();
    }
    MessageBox.Show("选定的项目为\n" + str);
    Application.Exit();
}
```

在退出应用程序之前，用户想要显示列表框中选定的项目，如图 6-8 所示，首先声明一个字符串变量 str，然后使用 for 循环查找列表框中的选定项目，将选定项目存储于 str 变量，并使用消息框显示 str 的变量值。

Application 类的 Exit() 方法用于退出应用程序。

图 6-7 显示的值

图 6-8 列表框中选定的项目

6.3 常用的控件及应用（二）

6.3.1 分组控件（GroupBox）

GroupBox 控件又称为分组框，它在工具箱中的图标是 [xy] GroupBox。该控件常用于为其他控件提供可识别的分组，典型应用如图 6-9 所示的接收缓冲区边框。

GroupBox 控件一般只需要考虑 Name、Text、Font 这三个属性。此若先设置 GroupBox 控件的 Font 属性，则该控件中的所有其他控件的 Font 属性全与 GroupBox 控件的 Font 属性相同。

6.3.2 单选按钮控件（RadioButton）

RadioButton 又称单选按钮，其在工具箱中的图标为 ，单选按钮通常成组出现，用于提供两个或多个互斥选项，即在一组单选钮中只能选择一个，如图 6-10 所示。

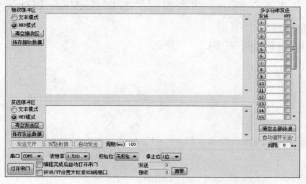

图 6-9　分组框的典型应用　　　　图 6-10　单选按钮应用示例

RadioButton 控件的常用属性和事件如表 6-11 所示。

表 6-11　RadioButton 控件的常用属性和事件

	名称	说明
属性	Name	获取或设置控件的名称
	Text	获取或设置与此控件关联的文本
	Font	获取或设置控件显示的文字的字体
	Visible	设置是否在运行时显示该控件
	Enabled	设置控件是否可用
	Checked	用来设置或返回单选按钮是否被选中，选中值为 true，没选中值为 false
	AutoCheck	AutoCheck 属性被设置为 true（默认），当选择该单选按钮时，将自动清除该组中所有其他单选按钮。一般不需改变该属性，采用默认值（true）即可
	Appearance	用来获取或设置单选按钮控件的外观，有 Appearance.Button 和 Appearance.Normal 两种取值
事件	Click	单击单选按钮，将单选按钮的 Checked 属性设置为 true，引发 Click 事件
	CheckedChanged	当 Checked 属性值更改时，将触发 CheckedChanged 事件

【例 6-2】　创建一个 Windows 应用程序，在窗体中添加两个 RadioButton 控件，分别在两个控件的 Click 事件中通过 if 语句判断控件的 Checked 属性的返回值是否为 true，如图 6-10所示。

代码如下：

```
private void frmWFA_6_2_Load(object sender, EventArgs e)
{
    radFemale.Enabled = false;
    radMale.Enabled = false;
}

private void radMale_Click(object sender, EventArgs e)
```

```
        if(radMale.Checked)
        {
            MessageBox.Show("你选择了:" + radMale.Text);
        }
    }

    private void radFemale_Click(object sender, EventArgs e)
    {
        MessageBox.Show("你选择了:" + radFemale.Text);
    }
```

6.3.3 复选按钮控件（CheckBox）

CheckBox 控件用于表示是否选取了某个选项条件，常用于为用户提供具有是/否或真/假值的选项。

CheckBox 控件的常用属性和事件如表 6-12 所示。

表 6-12 CheckBox 控件的常用属性和事件

	名称	说明
属性	Name	获取或设置控件的名称
	Text	获取或设置与此控件关联的文本
	Font	获取或设置控件显示的文字的字体
	Visible	设置是否在运行时显示该控件
	Enabled	设置控件是否可用
	Checked	用来设置或返回单选按钮是否被选中，选中时值为 true，没有选中时值为 false
事件	Click	当单击单选按钮时，将单选按钮的 Checked 属性值设置为 true，发生 Click 事件
	CheckedChanged	当 Checked 属性值更改时，将触发 CheckedChanged 事件

【例 6-3】 创建一个 Windows 应用程序，调查学生喜欢的课程，界面如图 6-11 所示。

"确定"按钮的事件驱动代码为：

```
private void btnOK_Click(object sender, EventArgs e)
{
    string message = "你感兴趣的课程有:";

    if(chbChemical.Checked)
    {
        message += chbChemical.Text + ",";
    }

    if(chbChinese.Checked)
    {
        message += chbChinese.Text + ",";
    }
```

图 6-11 复选按钮应用

```
if(chbDraw.Checked)
{
    message += chbDraw.Text + ",";
}

if(chbEnglish.Checked)
{
    message += chbEnglish.Text + ",";
}

if(chbMath.Checked)
{
    message += chbMath.Text + ",";
}

if(chbPhisics.Checked)
{
    message += chbPhisics.Text + ",";
}

message = message.Remove(message.Length - 1, 1);
MessageBox.Show(message,"提示信息");
}
```

运行结果如图 6-12 所示。

图 6-12 【例 6-3】运行结果

6.3.4 图片控件（PictureBox）

PictureBox 控件又称图片框，常用于图形设计和图像处理应用程序，在该控件中可以加载的图像文件格式有位图文件（.Bmp）、图标文件（.ICO）、图元文件（.wmf）、.JPEG 和 .GIF 文件。一般只需要掌握该控件的 Name、Image、SizeMode 属性。

常用属性如下。

（1）Image 属性

用于设置控件要显示的图像。把文件中的图像加载到图片框通常采用以下三种方式。

1）设计时单击 Image 属性，在其后将出现"…"按钮，单击该按钮将出现一个"打开"对话框,在该对话框中找到相应的图形文件后单击"确定"按钮。

2)产生一个 Bitmap 类的实例并赋值给 Image 属性,形式如下:

Bitmapp = newBitmap(图像文件名);

pictureBox 对象名.Image = p;

3)通过 Image.FromFile 方法直接从文件中加载,形式如下:

pictureBox 对象名.Image = Image.FromFile(图像文件名);

(2) SizeMode 属性

用于决定图像的显示模式。可以指定的各种模式包括 AutoSize、CenterImage、Normal 和 StretchImage。默认值为 Normal。

6.3.5 定时器控件(Timer 控件)

Timer 控件具有定时功能,该控件的主要属性和事件如下。

1)主要属性有 Name、Interval、Enable;其中 Interval 的单位是 ms。

2)事件:Timer 控件只有一个事件 Tick。

当 Enable 属性设置为 true 后,程序一旦运行 Timer 控件开始计时,计时到 Interval 属性设定值时,会自动触发 Tick 事件。

6.3.6 状态栏控件(StatusStrip)

StatusStrip 控件通常处于窗体的最底部,用于显示窗体上对象的相关信息,或者显示应用程序的信息。

StatusStrip 控件由 ToolStripStatusLabel 对象组成,每个这样的对象都可以显示文本、图标或同时显示这两者。

StatusStrip 还可以包含 ToolStripDropDownButton、ToolStripSplitButton 和 ToolStripProgressBar 控件, StatusStrip 为 StatusStrip 控件。

【例 6-4】 创建一个 Windows 应用程序,在图 6-11 的基础上,添加 StatusStrip 控件作为状态栏,将状态栏分成三部分:第一部分显示"作者:XXX"样式信息;第二部分显示当前日期和时间;第三部分显示进度条 ToolStripProgressBar 控件,单击加载"按钮"后,加载进度条。

实现步骤如下。

Step1 在图 6-11 的基础上添加 StatusStrip 控件,并取名为 ss_6_4。

Step2 点出 StatusStrip 的 Items 属性,在状态栏上添加两个 StatusLabel,如图 6-13 所示;再添加一个 ProgressBar,如图 6-14 所示。

Step3 选中 ToolStripStatusLabel1,将 Name 属性设置为:tslAuther,Text 属性设置为作者:李从宏(自己的名字);选中 ToolStripStatusLabel2,将 Name 属性设置为 tslDateTime,Text 属性设置空;选中 ToolStripProgressBar1,将 Name 属性设置为 tspbProress,Maximum 属性设置为 100,Minimum 属性设置为 0,Step 设置为 10,Size 属性设置为 500,19。

Step4 从工具栏中添加 Timer 控件到窗体中,并将 Interval 属性设置为 1000,Enable 属性设置为 true。

Step5 直接双击 Timer 控件，进入 Timer 的 Tick 事件，编写 Timer 的 Tick 事件驱动代码。

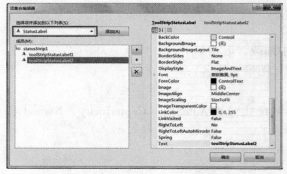
图 6-13 添加 StatusLabel

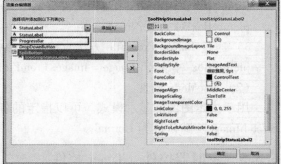
图 6-14 添加 ProgressBar

```
private void timer1_Tick( object sender, EventArgs e)
{
    tsslDateTime.Text = DateTime.Now.ToString("yyyy-MM-dd HH:mm:ss");

    if (tspbProgress.Value < 100)
    {
        tspbProgress.Value += tspbProgress.Step;
    }
    else
    {
        tspbProgress.Value = 0;
    }

    tspbProgress.PerformStep();
}
```

程序的运行结果如图 6-15 所示。

图 6-15 例题 6-4 运行结果图

6.3.7 列表视图控件（ListView）

ListView 控件（列表视图控件）显示带图标的项的列表，可以显示大图标、小图标和数据。使用 ListView 控件可以创建类似 Windows 资源管理器右窗口的用户界面。图 ListView 所示为 ListView 控件。

（1）ListView 的常见属性

1）GridLines：设置行和列之间是否显示网格线（默认为 false）。提示：只有在 Details 视图该属性才有意义。

2）View：获取或设置项在控件中的显示方式，包括 Details、LargeIcon、List、SmallIcon、Tile（默认为 LargeIcon）。

3）MultiSelect：设置是否可以选择多个项（默认为 false）。

4）SelectedItems：获取在控件中选定的项。

5）Scrollable：设置当没有足够空间来显示所有项时是否显示滚动条（默认为 true）。

6）Groups：设置分组的对象集合。

7）Columns：设置列表名称的集合，通过该属性的 Add 方法可以添加列名。

8）Items：设置要显示内容的集合，通过该属性的 Add 方法可以添加 ListViewItem 对象，得到一行数据。

（2）ListView 控件的常用事件

1）Click：单击列表视图。

2）ColumnClick：当用户在列表视图控件中单击列标头时发生。

ListView 控件可以通过 View 属性设置项在控件中显示的方式，View 属性的值及说明如表 6-13 所示。

表 6-13　View 属性的值及说明

属性值	说　　明
Details	每个项显示在不同的行上，并带有关于列中所排列的各项的进一步信息。最左边的列包含一个小图标和标签，后面的列包含应用程序指定的子项。列显示一个标头，它可以显示列的标题。用户可以在运行时调整各列的大小
LargeIcon	每个项都显示为一个最大的图标，在它的下面有一个标签。默认的视图模式
List	每个项都显示为一个小图标，在它右边带一个标签，各项排列在列中，没有列标头
SmallIcon	每个项都显示为一个小图标，在它右边带一个标签
Title	每个项都显示为一个完整大小的图标，在它的右边带项标签和子项信息（只有 Windows XP 和 Windows Server 2003 系列支持）

6.3.8　ListViewItem 类

ListViewItem 类表示 ListView 控件中的一个项，对于该类而言，在一般应用程序设计中，只需要掌握两个属性和一个方法。

1）ListViewItem 类的主要方法如下。

ListViewItem（）：使用默认值初始化 ListViewItem 类的新实例。

2）ListViewItem 类的两主要属性如下。

① Text 属性：获取或设置项的文本。

② SubItems 属性：获取一个包含项的所有子项集合，通过该属性的 Add（）方法可以

添加一个或多个子项内容；通过该属性元素的 Text 属性可以得到每个子项的内容，即显示的内容；通过该属性的 Count 属性可以得到子项的个数。

【例 6-5】 创建一个 Windows 窗体应用程序，在主窗体中添加一个 ListView 控件，两个 TextBox 控件和两个 Button 控件。一个 TextBox 控件用于给 ListView 控件中添加数据，另一个控件用于从 ListView 控件中读取数据，Button 控件控制 ListView 控件的两个操作具体界面如图 6-16 所示。要求 ListView 控件要显示网格线、列名，便于查看数据。写入数据格式为"xx, xx, xx"。

图 6-16　ListView 控件案例图

程序主要代码如下：

```
private void frmlvReadWrite_Load(object sender, EventArgs e)
{
    this.lvShow.View = View.Details;    //设置为表格状
    this.lvShow.GridLines = true;       //显示网格线
    this.lvShow.Columns.Add("第一列",80,HorizontalAlignment.Center);
    this.lvShow.Columns.Add("第二列",80,HorizontalAlignment.Left);
    this.lvShow.Columns.Add("第三列",80,HorizontalAlignment.Right);
}

private void btnWrite_Click(object sender, EventArgs e)
{
    string value = "";
    value = this.txtWrite.Text;

    if (value == "")
    {
        MessageBox.Show("要写入的数据不能为空");
    }
    else
    {
        if (value.IndexOf(",") == 2 && value.LastIndexOf(",") == 5 && value.Length == 8)
        {
            string[] str = value.Split(',');  //以","分隔字符串并存储在数组中
            ListViewItem lvi = new ListViewItem();
            lvi.Text = str[0];    //在第一列添加字符串_str[0]
            lvi.SubItems.Add(str[1]);  //在第二列添加字符串_str[1]
            lvi.SubItems.Add(str[2]);  //在第三列添加字符串_str[1]
            this.lvShow.Items.Add(lvi);  //将对象添加进 ListView 控件中
        }
        else
        {
            MessageBox.Show("请参照"xx,xx,xx"格式重新输入字符");
        }
    }
}
```

```
private void btnRead_Click(object sender, EventArgs e)
{
    for (int i = 0; i < this.lvShow.Items.Count; i++)//循环 ListView 控件的行
    {
        //循环 ListView 控件中存在的列,通过 Count 属性得到子项的数量
        for (int j = 0; j < this.lvShow.Items[i].SubItems.Count; j++)
        {
            //在文本框内添加数据,通过 SubItems 元素的 Text 属性得到显示内容
            txtRead.Text += this.lvShow.Items[i].SubItems[j].Text + " ";
        }
        txtRead.Text += "\r\n";//一行数据添加结束后换行
    }
}
```

最终运行效果如图 6-17 所示。

6.4 菜单设计

Windows 的菜单系统是图形用户界面（GUI）的重要组成之一，在 Visual C#中使用 MainMenu 控件可以很方便地实现 Windows 的菜单，MainMenu 控件在工具箱中的图标为 MenuStrip。

图 6-17　程序运行图

（1）菜单项的常用属性

1）Text 属性：用于获取或设置一个值，通过该值指示菜单项标题。当使用 Text 属性为菜单项指定标题时，还可以在字符前加一个"&"号来指定热键（访问键，即加下划线的字母）。例如，若要将"File"中的"F"指定为访问键，应将菜单项的标题指定为"&File"。

2）Enabled 属性：用于获取或设置一个值，通过该值指示菜单项是否可用。值为 true 时表示可用，值为 false 表示当前禁止使用。

3）RadioCheck 属性：用于获取或设置一个值，通过该值指示选中的菜单项的左边是显示单选按钮还是选中标记。值为 true 时将显示单选按钮标记，值为 false 时显示选中标记。

4）Shortcut 属性：用于获取或设置一个值，该值指示与菜单项相关联的快捷键。

5）ShowShortcut 属性：用于获取或设置一个值，该值指示与菜单项关联的快捷键是否在菜单项标题的旁边显示。如果快捷组合键在菜单项标题的旁边显示，该属性值为 true，如果不显示快捷键，该属性值为 false。默认值为 true。

6）MdiList 属性：用于获取或设置一个值，通过该值指示是否用在关联窗体内显示的多文档界面（MDI）子窗口列表来填充菜单项。若要在该菜单项中显示 MDI 子窗口列表，则设置该属性值为 true，否则设置该属性的值为 false。默认值为 false。

（2）菜单项的常用事件

菜单项的常用事件主要有 Click 事件，该事件在用户单击菜单项时发生。

6.5 项目实践——设计记事本软件

6.5.1 项目要求

本记事本软件仿照 Windows 自带的记事本软件，实现"新建""打开""保存""另存为""退出"设置"字体"功能。

6.5.2 打开文件对话框 OpenFileDialog 类

打开文件对话框 OpenFileDialog 类，提示用户打开文件，无法继承此类。对于该类而言，此处重点介绍其主要属性和主要方法。

1）OpenFileDialog 类的主要属性如表 6-14 所示。
2）OpenFileDialog 类的主要方法为 ShowDialog（）。
public DialogResult ShowDialog（）：运行通用对话框，已重载。

表 6-14 OpenFileDialog 类常用属性

属性	说明
InitialDirectory	对话框的初始目录
Filter	筛选要在对话框中显示的文件类型，例如："图像文件（*.JPG；*BMP）｜*.JPG；*BMP｜所有文件（*.*）｜（*.*）"
RestoreDirectory	控制对话框在关闭之前是否恢复当前目录
FileName	第一个显示在对话框的文件或最后一个选取的文件
Title	对话框标题栏显示的字符内容
AddExtension	是否自动添加默认扩展名
CheckPathExists	在对话框返回之前，检查指定的路径是否存在
DefaultExt	设置默认扩展名
DereferenceLinks	在从对话框返回前是否取消引用快捷方式
ShowHelp	是否启用"帮助"按钮
ValiDateNames	控制对话框检查文件名是否只接受有效的文件名
Multiselect	控制对话框，是否允许选择多个文件
FileOk	当用户单击"打开"或"保存"时要触发的事件
HelpRequest	当用户单击"帮助"按钮时要触发的事件

6.5.3 保存文件对话框 SaveFileDialog 类

保存文件对话框 SaveFileDialog 类提示用户保存文件，与 OpenFileDialog 类具有相同的属性和方法。

6.5.4 字体对话框 FontDialog 类

字体对话框 FontDialog 类提示用户从本地计算机上安装的字体中选择一种字体。

1）FontDialog 对话框常见属性如表 6-15 所示。

表 6-15　FontDialog 类常见属性

属性	说　明
ShowEffects	是否显示字体效果
ShowColor	是否显示颜色控件
Font	设置初始字体属性
Color	设置初始颜色属性
MaxSize	设置能够选择的最大字体
MinSize	设置能够选择的最小字体

2）FontDialog 类的主要方法。

ShowDialog（），public DialogResult ShowDialog（）：运行通用对话框，已重载。

6.5.5　消息对话框 MessageBox 类

消息框 MessageBox 类通常用于显示一些提示和警告信息，通过调用 MessageBox 类的静态 Show 方法，实现显示信息。

Show 方法被重载多种形式，最常用的有：

1）Show（String）：显示具有指定文本的消息框；

2）Show（String，String）：显示具有指定文本和标题的消息框；

3）Show（String，String，MessageBoxButtons）：显示具有指定文本、标题和按钮的消息框；

4）Show（String，String，MessageBoxButtons，MessageBoxIcon）：显示具有指定文本、标题、按钮和图标的消息框；

5）Show（String，String，MessageBoxButtons，MessageBoxIcon，MessageBoxDefaultButton）：显示具有指定文本、标题、按钮、图标和默认按钮的消息框。

6.5.6　MessageBoxButtons 枚举

MessageBoxButtons 枚举指定要在显示的按钮的常数，其枚举值如表 6-16 所示。

表 6-16　MessageBoxButtons 枚举的枚举值

静态常量成员	说　明
AbortRetryIgnore	显示"终止""重试""忽略"按钮
Ok	显示"确定"按钮
OkCancel	显示"确定""取消"按钮
RetryCancel	显示"重试""取消"按钮
YesNo	显示"是""否"按钮
YesNoCancel	显示"是""否""取消"按钮

6.5.7　MessageBoxIcon 枚举

MessageBoxIcon 枚举指定常数来定义要显示的信息，其枚举值如表 6-17 所示。

表 6-17　MessageBoxIcon 枚举值

静态常量成员	说　　明
Asterisk	提示图标
Error	错误图标
Exclamation	警告图标
Hand	指示图标
Information	提示图标
Question	问号图标
Stop	错误图标
Warning	警告图标
None	消息框未包含符号

6.5.8　设计界面

记事本软件界面如图 6-18 所示。

1）添加 TextBox 到窗体中，将 Name 属性设置为 txtData；Text 属性设置为空；MultiLine 属性设置为 true；ScrollBars 属性设置为 Both；WordWrap 属性设置为 false。

2）添加菜单控件 MenuStrip 到窗体中，将 Name 属性设置为 msNoteBook，Text 属性设置为空。

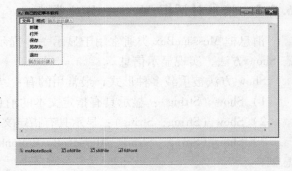

图 6-18　记事本软件界面

3）设置一级菜单"文件"，将 Name 设置为 tsmiFile；Text 属性设置为"文件"。

4）设置一级菜单"格式"，将 Name 设置为 tsmiFormat；Text 属性设置为"格式"。

5）在"文件"菜单下添加二级菜单"新建""打开""保存""另存为""退出"。将各二级菜单的 Name 属性依次设置为 tsmiNew、tsmiOpen、tsmiSave、tsmiSaveAs、tsmiExit。

6）在"格式"菜单下添加二级菜单"字体"，将 Name 属性设置为 tsmiFont。

7）从工具栏中添加 OpenFileDialog 控件，在属性窗体中将 Name 属性设置为 ofdFile，将 Filter 属性设置为"文本文件（*.txt）| *.txt"。

8）从工具栏中添加 SaveFileDialog 控件，在属性窗体中将 Name 属性设置为 sfdFile，将 Filter 属性设置为"文本文件（*.txt）| *.txt"。

9）从工具栏中添加 FontDialog 控件，在属性窗体中将 Name 属性设置为 fdFont。

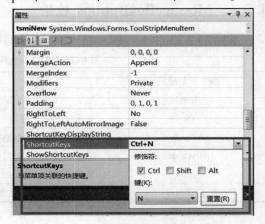

图 6-19　设置快捷键

10）给菜单分别设置热键，"文件（&F）""新建（&N）""打开（&O）""保存（&S）""另存为（&A）""退出（&E）""格式

(&O)""字体(&F)"。

11)在属性栏中分别给"文件""新建""打开""保存""退出"设置快捷键,以新建为例,设置方法如图6-19所示,设置好的最终界面如图6-20所示。

图6-20 最终界面

6.5.9 功能实现编程

设定成员变量 string _ fileName = "";

(1)"新建"菜单功能实现代码
```
private void tsmiNew_Click(object sender, EventArgs e)
{
    txtData.Text = "";
}
```

(2)"打开"菜单功能实现代码
```
private void tsmiOpen_Click(object sender, EventArgs e)
{
    if (ofdFile.ShowDialog() == DialogResult.OK)
    {
        _fileName = ofdFile.FileName;
        StreamReader reader = new StreamReader(_fileName,Encoding.Default);
        txtData.Text = reader.ReadToEnd();//读出所有内容显示
        reader.Close();
    }
}
```

(3)"保存"菜单功能实现代码
```
private void tsmiSave_Click(object sender, EventArgs e)
{
    if (txtData.Text == "")
    {
        return;
    }

    if (_fileName == "")//若是新建情况下的保存,必须要先得到文件名
    {
        if (sfdFile.ShowDialog() == DialogResult.OK)
        {
            _fileName = sfdFile.FileName;
        }
    }
    //防止用户在打开保存文件对话框时单击了"取消"按钮
    if (_fileName != "")
    {
        StreamWriter writer = new StreamWriter(_fileName);
        writer.Write(txtData.Text);
```

```csharp
        writer.Flush();
        writer.Close();
    }
}
```

(4)"另存为"菜单功能实现代码

```csharp
private void tsmiSaveAs_Click(object sender, EventArgs e)
{
    if(txtData.Text == "")//若文件内容为空,则不做任何操作
    {
        return;
    }

    if(sfdFile.ShowDialog() == DialogResult.OK)
    {
        string filePath = sfdFile.FileName;
        StreamWriter writer = new StreamWriter(filePath);
        writer.Write(txtData.Text);
        writer.Flush();
        writer.Close();
    }
}
```

(5)"退出"菜单功能实现代码

```csharp
private void tsmiExit_Click(object sender, EventArgs e)
{
    Application.Exit();
}
```

(6)"字体"菜单功能实现代码

```csharp
private void tsmiFont_Click(object sender, EventArgs e)
{
    if(fdFont.ShowDialog() == DialogResult.OK)
    {
        txtData.Font = fdFont.Font;
    }
}
```

6.6 总结

1)介绍了 C#中的一些常用控件的属性、方法和事件,重点在于通过程序读取、设置控件的相关属性。

2)通过一个应用实例介绍了 C#中的标签控件、文本框控件、按钮控件、组合框控件和列表框控件等基本控件。

3)介绍了 C#中的分组框控件、单选按钮控件、复选框控件、图片控件、月历控件和状态栏控件等高级控件。

4)通过实例介绍了 C#的菜单设计。

5)通过学习制作自己的记事本软件加深对 C#中控件的认识和对项目实战的引导,重点

了解 MessageBox 类、OpenFileDialog 类、SaveFileDialog 类及相关枚举类型的值。

6.7 实训

6.7.1 改进记事本软件功能

同时运行自己设计的记事本软件和 Windows 自带的记事本软件，查看在功能完成程度上有何不同，并解决以下几个问题，修改程序达到 Windows 自带记事本软件同样的效果。

1）将已保存在文本文件中的内容读入到文本框中，文本框中的内容在没有修改的情况下，若"新建"文件时该如何处理？

2）将已保存在文本文件中的内容读入到文本框中，文本框中的内容在做了修改的情况下，若"新建"文件时该如何处理？

3）若是在已"新建"文件且已输入信息的情况下，再"新建"文件时该如何处理？

4）关闭窗体时，应该做哪些处理？

6.7.2 设计一个简单串口通信界面

设计一个简单的串口通信界面，并实现规定的功能。

Step1 设计应用程序界面。

程序界面如图 6-21 所示。

Step2 设置窗体的属性。

窗体属性如表 6-18 所示。

图 6-21 简单串口通信界面

表 6-18 窗体属性

控件类型	控件名称	属性名称	属性值
窗体	Form	Name	frmMain
		Text	简单串口通信_ 固定参数

Step3 设置"打开串口"组中各控件的属性。

将"打开串口"组中各控件的属性设置如表 6-19 所示。

表 6-19 "打开串口"组中各控件的属性

控件类型	控件名称	属性名称	属性值
分组控件	GroupBox	Name	gboxOpen
		Text	打开串口
按钮控件	Button	Name	btnOpen
		Text	打开串口

Step4 设置"接收数据"组中各控件的属性。

将"接收数据"组中各控件的属性设置如表 6-20 所示。

表 6-20 "打开串口"组中各控件的属性

控件类型	控件名称	属性名称	属性值
分组控件	GroupBox	Name	gboxReceive
		Text	接收数据
文本框控件	TextBox	Name	txtReceive
		Text	

（续）

控件类型	控件名称	属性名称	属性值
文本框控件	TextBox	MultiLine	true
		SrollBars	Vertical
		WordRap	true

Step5 设置"发送数据"组中各控件的属性。

将"发送数据"组中各控件的属性设置如表6-21所示。

表6-21 "发送数据"组中各控件的属性

控件类型	控件名称	属性名称	属性值
分组控件	GroupBox	Name	gboxSend
		Text	接收数据
文本框控件	TextBox	Name	txtSend
		Text	
		MultiLine	false
按钮	Button	Name	btnSend
		Text	发送

Step6 实现下列功能。

1）在窗体加载时，"打开串口"按钮可用，"发送"按钮不可用。

```
private void frmDataExchange_Load(object sender, EventArgs e)
{
    btnSend.Enabled = false;
}
```

2）单击"打开串口"按钮时，弹出串口已打开，同时将该按钮禁用，同时使"发送"按钮可用。

```
private void btnOpen_Click(object sender, EventArgs e)
{
    MessageBox.Show("串口已打开");
    btnOpen.Enabled = false;
    btnSend.Enabled = true;
}
```

3）当txtSend中输入内容后，单击"发送"按钮后，将txtSend的内容显示在txtReceive中，"打开串口"按钮可用，"发送"按钮禁用。要求验证txtSend中的内容是否为空，若为空，则应该给出"发送文本框中内容不能为空"的信息，光标在发送文本框txtSend闪烁，运行效果如图6-22所示。

图6-22 简单串口通信运行效果

```
private void btnSend_Click(object sender, EventArgs e)
{
    if (txtSend.Text == "")
    {
        MessageBox.Show("发送文本框内容不能为空");
        txtSend.Focus();
```

```
                }
                else
                {
                    txtRecieve.Text = txtSend.Text;
                    txtSend.Text = "";//或是 txtSend.Clear( );
                    btnOpen.Enabled = true;
                    btnSend.Enabled = false;
                }
            }
```

6.8 习题

1）设计图 6-23 所示的软件界面，要求每个控件都要设置合适的属性。
2）完成以下几个功能。

功能 1：当窗体加载时，COM 对应用组合框中添加的内容如图 6-24 所示，且"COM1"为第一个显示内容。

图 6-23　软件界面

图 6-24　COM 对应组合框中的内容

波特率对应的组合框中添加剂的内容如图 6-25 所示，且"300"为第一个显示的内容。"打开串口"按钮可用，单行文本框、多行文本框及发送按钮不可用。

功能 2：选择合适的 COM 口和波特率后，单击"打开串口"按钮，在弹出的对话框中显示选择的内容，如图 6-26 所示，同时单行文本框、多行文本框及发送按钮均可用。

图 6-25　波特率对应组合框中的内容

图 6-26　对话框的内容

功能 3：当发送文本框中输入内容后，单击"发送"按钮后，将发送文本框中的内容显示在接收文本框中，"打开串口"按钮可用，"发送"按钮禁用。要求验证发送文本框中的内容是否为空，若为空，则应该给出"发送文本框中内容不能为空"的信息，光标在发送文本框 txtSend 中闪烁。

第 7 章 基于 C#的开发串口通信程序

在工业控制、电力通信、智能仪表等智能电子系统领域中，通常情况下是采用 RS232 串口通信或用 RS485 通信方式进行交换，掌握使用 C#语言设计基于串口通信的数据采集与系统控制软件设计有很重要的意义。

本章的主要内容有：
1）掌握 SerialPort 控件的属性、方法及事件。
2）了解数据采集与系统控制软件与电子系统终端之间进行数据通信的协议。
3）掌握对采集到的数据进行解析、保存。

7.1 项目 1 简单串口通信软件设计

串口通信是指外设和计算机间，通过数据信号线、地线、控制线等，按位传输数据的通信方式。这种通信方式使用的数据线少，在远距离通信中可以节约通信成本，但其传输速率比并行传输低。

在 WinForm 编程中，使用 SerialPort 控件实现串口通信上位机软件设计。
SerialPort 控件的主要属性、方法和事件如表 7-1 所示。

表 7-1 SerialPort 控件的主要属性、方法和事件

	名称	说明
属性	Name	获取或设置控件的名称
	PortName	获取或设置通信端口，包括但不限于所有可用的 COM 端口
	BaudRate	获取或设置串行波特率
	DataBits	获取或设置数据位
	StopBits	获取或设置每个字节的停止位数
	Parity	获取或设置奇偶校验检查协议
	IsOpen	获取一个值，该值指示串口是否已打开，值为 true，表示串口已打开
	BytesToRead	获取接收缓冲区中数据的字节数
	BytesToWrite	获取发送缓冲区中数据的字节数
	Enabled	设置控件是否可用
方法	Open ()	打开串口
	Close ()	关闭串口
	WriteLine ()	向串口写一行数据，由串口自动发送出去
	ReadLine ()	从串口读一行数据
	ReadExisting ()	从串口读所有立即可用的字节
事件	DataReceived	当 SerialPort 对象接收到数据时触发的事件

7.1.1 实验平台简介

本书相配置的实验平台如图 7-1 所示，可以实现多个 LED 控制、温湿度数据采集、电压电流数据采集、LED 亮度控制等实验，可以通过串口通信方式和网络通信方式两种方式

对实验平台进行数据采集、控制。

当通过网络通信方式时，需要通过配置软件将实验平台配置成 TCP Server 模式、TCP Client 模式或 UDP 模式，在配置过程中，网络状态指示灯区间的 LED 是用于指示网络配置的过程，当看到网络状态指示灯区间的 LED 全部闪烁两下后熄灭，表示配置过程结束，具体使用方法详见第 9 章的相关内容。

图 7-1 实验平台

7.1.2 设计界面

1）新建一个 Windows 应用程序项目，将此项目命名为 DataExchange，并将文件 Form1.cs 重新命名为 "frmDataExchange.cs"。在窗体的属性中将 Text 属性修改为 "第一个串口通信程序，SerialPort 控件属性在属性栏中设置"，Name 属性改为 "spData"。

2）从工具箱中拖放相关控件到窗体中并进行布局，设计图 7-2 所示的窗体各控件的属性如表 7-2 所示。

图 7-2 软件界面

表 7-2 各控件属性及属性值

控件	名称	文本	说明
Button	btnOpen	打开串口	
Button	btnSend	发送	
TextBox	txtRecieve		MultiLine 属性设置为 true，ScrollBars 属性设为 Vertical
TextBox	txtSend		
GroupBox	gboxRecieve	接收数据	
GroupBox	gboxSend	发送数据	

3）安装 CH340 的串口通信程序 ch341ser.exe（只需要安装一次），将实验平台通过 USB 数据线接入到计算机中，打开计算机的设备管理器，找到串口号，如图 7-3 所示。

4）在窗体中添加图 7-4 所示的 SerialPort

图 7-3 查找计算机中的串口号

控件，并在属性栏中设置图 7-5 所示的相关参数（特别注意：串口号要与计算机中查找到的串口号一致，不然无法打开串口），软件最终界面如图 7-6 所示。

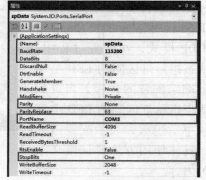

图 7-4 工具栏中的 SerialPort 控件　　　　图 7-5 修改串口控件的主要属性

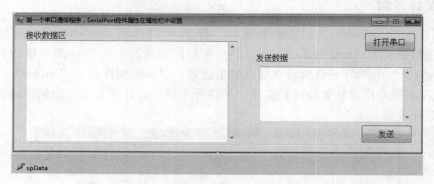

图 7-6 第一个串口通信软件最终界面

7.1.3 项目功能实现

各控件的事件驱动代码如下。
1)"打开串口"的 Click 事件中编写以下代码。
```
private void btnOpen_Click( object sender, EventArgs e)
{
    try
    {//单击"打开串口"时单击按钮,按钮显示"关闭串口"
        if ( btnOpen. Text = = "打开串口")
        {
            btnOpen. Text = "关闭串口";
            this. spData. Open( );
            MessageBox. Show("串口已经打开");//提示打开串口信息
        }
        else
        {//再次单击按钮,按钮显示"打开串口"
            btnOpen. Text = "打开串口";
            this. spData. Close( );
```

```csharp
                MessageBox.Show("串口已经关闭");//提示关闭串口信息
            }
        }
        catch(Exception ex)
        {//捕获串口异常,提示串口不存在
            MessageBox.Show("串口不存在或被占用");
        }
    }
```

2）在发送按钮的 Click 事件中编写如下代码。

```csharp
private void btnSend_Click(object sender, EventArgs e)
{
    try
    {
        if (txtSend.Text == string.Empty)//也可以写成 txtSend.Text == ""
        {
            MessageBox.Show("要发送的数据不能为空");
            this.txtSend.Focus();//获取焦点
        }
        else
        {//将要写入的数据写入到串口中
            this.spData.WriteLine(txtSend.Text);
            txtSend.Text = "";   //清空发送文本框
            this.txtSend.Focus();
        }
    }
    catch(Exception ex)
    {
        MessageBox.Show(ex.ToString());
    }
}
```

3）在 SerialPort 控件的 DataRecieve 事件中编写如下代码。

```csharp
private void spData_DataReceived(object sender, System.IO.Ports.SerialDataReceivedEventArgs e)
{//将发送的数据接收并显示在文本框中,不覆盖原来发送的数据
    this.txtRecieve.Text += this.spData.ReadExisting();
}
```

参考附录 B 中 STC 版本实验平台固件下载方式内容，下载固件"第一个串口通信程序.hex"固件到实验平台中，运行本程序，打开串口，在发送文本框中输入一串数据并单击"发送"按钮，在接收文本框中显示出发送的数据，运行结果如图 7-7 所示。

7.1.4 项目总结

1）介绍了如何利用基本控件和 SerialPort 控件设计串口通信程序。
2）熟记 SerialPort 控件的一些基本属性和常用方法、事件。

图 7-7 运行程序

3）在项目中加深对基本控件属性、方法和事件的认识。
4）对一些异常需要进行捕获、处理，使程序正常运行。
5）学会参考帮助文档。

7.1.5 实训 参数可改的串口通信软件设计

提问：项目 1 还有哪些不足之处？

Step 1 设计软件界面。

将项目 1 的内容备份，修改项目 1 的界面，如图 7-8 所示，将界面中的各控件属性设置如表 7-3 所示。

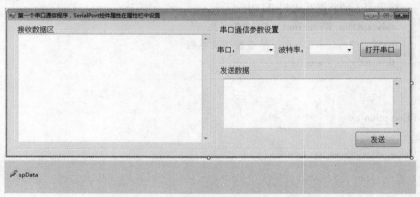

图 7-8 参数可改的串口通信软件界面

Step 2 功能实现代码。

1）在窗体的 Load 事件中添加如下代码。

```
private void frmDataExchange_Load( object sender, EventArgs e)
{
    int index;
    int count = 1;

    for ( int i = 1; i < =50; i + + )          //添加 10 个串口号
    {
        this. cboxCOM. Items. Add("COM" + i);
    }
```

```
for(int i = 1; i < 10; i++)//添加波特率
{
    index = count * 300;
    this.cboxBaudRate.Items.Add(index);
    count *= 2;
}
```

this.cboxBaudRate.Items.Add("115200");
this.cboxCOM.SelectedIndex = 0;//cboxCOM 的 Text 选择显示 COM1
this.cboxBaudRate.Text = "115200";//cboxCOM 的 Text 选择显示 115200
gboxSend.Enabled = false;//发送框中的所有控件不可用,避免误操作
}

表7-3 各控件属性及属性值

控件	名称	文本	说明
Label	labCOM	COM	
Label	labBaudRate	波特率	
ComboBox	cboxCOM		
ComboBox	cboxBaudRate		
TextBox	txtRecieve		MultiLine 设为 true, ScrollBars 设为 Vertical
TextBox	txtSend		
Button	btnOpen	打开串口	
Button	btnSend	发送	
GroupBox	gboxSet	串口通信参数设置	
GroupBox	gboxRecieve	接收数据	
GroupBox	gboxSend	发送数据	

2) 在"打开串口"按钮的 Click 事件中编写如下代码。

```
try
{//单击"打开串口"时单击按钮,按钮显示"关闭串口"
    if(btnOpen.Text == "打开串口")
    {
        btnOpen.Text = "关闭串口";
        spData.PortName = cboxCOM.Text;
        spData.BaudRate = int.Parse(cboxBaudRate.Text);
        this.spData.Open();
        MessageBox.Show("串口已经打开");//提示打开串口信息
        gboxSend.Enabled = true;
    }
    else
    {//再次单击按钮,按钮显示"打开串口"
        btnOpen.Text = "打开串口";
        this.spData.Close();
        MessageBox.Show("串口已经关闭");//提示关闭串口信息
        gboxSend.Enabled = false;
    }
}
catch(Exception ex)
{//捕获串口异常,提示串口不存在
```

```
            MessageBox. Show("串口不存在或被占用");
    }
    3)在"发送按钮"的CLick事件中编写如下代码。
    try
    {
        if (txtSend. Text == string. Empty)
        {
            MessageBox. Show("要发送的数据不能为空");
            this. txtSend. Focus();//获取焦点
        }
        else
        {//将要写入的数据写入到串口中
            this. spData. Write(txtSend. Text);
            txtSend. Text = "";//清空发送文本框
            this. txtSend. Focus();
        }
    }
    catch(Exception ex)
    {
        MessageBox. Show(ex. ToString());
    }
```

Step3　运行测试。

测试结果如图 7-9 所示。

图 7-9　参数可改的串口通信软件运行结果

7.2　项目2　多个 LED 灯控制软件设计

7.2.1　串口通信协议

在实验平台已规定好串口通信协议为 115200、8、1、0，且将 LED 按照 LEDR、LEDG、LEDB、LED4、LED3、LED2、LED1 的顺序排列。对应位置 1，点亮对应的 LED 灯；置 0，熄灭对应的 LED 灯。

例如，发送值为 0000101 的数据，该数据看成是一个二进制数序列，组合成十进制数 5，发送到实验平台，则 LED3 和 LED1 点亮。

7.2.2 设计界面

Step1 创建应用程序工程。

新建一个 Windows 窗体式应用程序,将此项目命名成"LEDcontroller",将"Form1.cs"文件修改为"frmLEDcontroller"。从工具栏拖放控件到界面中,多点 LED 灯控制软件设计界面如图 7-10 所示。

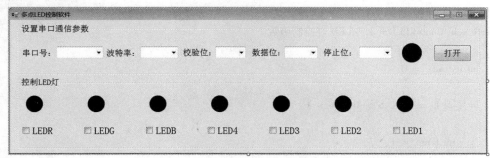

图 7-10 多个 LED 灯控制软件界面

Step2 设置控件属性。

各控件的相关属性,如表 7-4 所示。

表 7-4 各控件属性及属性值

控件	Name	Text	特殊
Form	frmLEDcontroller	LED 控制软件	
Groupbox	gboxSet	设置串口通信参数	
Groupbox	gboxControl	控制 LED 灯	Enable:false
ComboBox	cboxCOM		
ComboBox	cboxBaudRate		
ComboBox	cboxParity		
ComboBox	cboxDataBits		
ComboBox	cboxStopBits		
Lable	lblCOM	串口号	
Lable	lblBaudRate	波特率	
Lable	lblParity	校验位	
Lable	lblDataBits	数据位	
Lable	lblStopBits	停止位	
button	btnCOM	打开串口	
ovalShape	osOpen		FillStyle:Solid Size:30,30
ovalShape	osLEDB		FillStyle:Solid Size:39,39
ovalShape	osLEDG		FillStyle:Solid Size:39,39
ovalShape	osLEDR		FillStyle:Solid Size:39,39
ovalShape	osLED4		FillStyle:Solid Size:39,39
ovalShape	osLED3		FillStyle:Solid Size:39,39
ovalShape	osLED2		FillStyle:Solid Size:39,39
ovalShape	osLED1		FillStyle:Solid Size:39,39
checkBox	chboxLEDB	LEDB	
checkBox	chboxLEDG	LEDG	
checkBox	chboxLEDR	LEDR	
checkBox	chboxLED4	LED4	
checkBox	chboxLED3	LED3	
checkBox	chboxLED2	LED2	
checkBox	chboxLED1	LED1	
serialPort	spData		

7.2.3 项目功能实现

(1) 定义保存 LED 灯状态的数组

定义一个成员数组_myCode,用于存储每个 LED 灯的状态,1:On,0:Off。

```
int[] _myCode = {0,0,0,0,0,0,0};
```

(2) 编写 LED 灯控制函数

编写 LED 灯控制函数的代码如下。

```
private void ControlLEDS()  //LED 灯控制函数
{
    int ledData = 0;

    for(int k = 6; k >= 0; k--)
    {
        int temp = 1;
        for(int i = 0; i < k; i++)
        {
            temp *= 2;
        }
        //根据 LED 灯的状态,得出相应的 ledData 的值
        ledData = ledData + _myCode[k] * temp;
    }
/*
以上得到相应 ledData 值的计算方法也可以写成:
ledData = _myCode[0] * 64 + _myCode[1] * 32 + _myCode[2] * 16 + _myCode[3] * 8 + _myCode
[4] * 4 + _myCode[5] * 2 + _myCode[6];
*/
    byte[] buffer = {0};  //每次只写一个数据
    buffer[0] = Convert.ToByte(ledData);  //转换为十六进制数
    spData.Write(buffer, 0, 1);  //向串口发送控制指令
}
```

(3) 添加窗体加载事件代码

窗体加载事件的代码如下。

```
for(int i = 1; i <= 100; i++)  //添加 100 个串口号
{
    cboxCOM.Items.Add("COM" + i);
}

cboxCOM.Text = "COM4";

cboxBaudRate.Items.Add("4800");  //添加波特率
cboxBaudRate.Items.Add("9600");
cboxBaudRate.Items.Add("19200");
```

```
cboxBaudRate.Items.Add("115200");
cboxBaudRate.Text = "115200";//波特率默认值为115200

cboxParity.Items.Add("None");//添加奇偶校验状态
cboxParity.Items.Add("Even");
cboxParity.Items.Add("Odd");
cboxParity.Text = "None";//奇偶校验状态默认值为"None"

//添加常用的数据位
cboxDataBits.Items.Add("8");
cboxDataBits.Items.Add("9");
cboxDataBits.Text = "8";//数据位默认值为8

//添加常用的停止位
cboxStopBits.Items.Add("1 位");
cboxStopBits.Items.Add("1.5 位");
cboxStopBits.Items.Add("2 位");
cboxStopBits.Text = "1 位";//停止位默认值为1
gboxControl.Enabled = false;//控制LED灯框中控件不可用,避免误操作
```

（4）添加"打开串口"按钮的 Click 事件代码

"打开串口"按钮的 Click 事件代码如下。

```
try
{
    if(btnCOM.Text == "打开串口")//如果按钮显示"打开串口",则打开串口
    {
        spData.PortName = cboxCOM.Text;//设置串口号
        spData.BaudRate = int.Parse(cboxBaudRate.Text);//设置波特率
        spData.DataBits = int.Parse(cboxDataBits.Text);// 设置数据位

        switch(cboxStopBits.Text) // 设置停止位
        {
            case "1 位":
                spData.StopBits = System.IO.Ports.StopBits.One;
                break;
            case "1.5 位":
                spData.StopBits = System.IO.Ports.StopBits.OnePointFive;
                break;
            case "2 位":
                spData.StopBits = System.IO.Ports.StopBits.Two;
                break;
            default:
                break;
        }
```

```
            switch(cboxParity.Text)  // 设置奇偶校验位
            {
                case "None":
                    spData.Parity = System.IO.Ports.Parity.None;
                    break;
                case "Even":
                    spData.Parity = System.IO.Ports.Parity.Even;
                    break;
                case "Odd":
                    spData.Parity = System.IO.Ports.Parity.Odd;
                    break;
                default:
                    break;
            }

            spData.Open();//打开串口
            osOpen.FillColor = Color.Red;//指示灯变红色
            btnCOM.Text = "关闭串口";//按钮显示"关闭串口"
            gboxControl.Enabled = true;
        }
        else//如果按钮显示"关闭串口",则关闭串口
        {
            spData.Close();//关闭串口
            osOpen.FillColor = Color.Black;//指示灯变黑色
            btnCOM.Text = "打开串口";//按钮显示"打开串口"
            gboxControl.Enabled = false;
        }
    }
    catch    //捕获异常,提示异常信息
    {
        MessageBox.Show("串口被占用或是不存在,请检查","错误",MessageBoxButtons.OK,MessageBoxIcon.Error);
    }
```

(5) 给各个 CheckBox 添加 CheckedChanged 事件代码

以 LEDR 为例,CheckBox 的 CheckedChanged 事件代码如下。

```
private void chboxLEDR_CheckedChanged(object sender, EventArgs e)
{
    if(chboxLEDR.Checked)     //如果 LEDR 的复选框被勾选
    {
        _myCode[0] = 1;//_myCode 数组中的 0 号元素赋值为 1
        osLEDR.FillColor = Color.RED;//对应指示灯变为红色
    }
    else    //如果 LEDR 的复选框没有被勾选
    {
```

```
_myCode[0] = 0;//_myCode 数组中的 0 号元素赋值为 0
osLEDR.FillColor = Color.Black;//对应指示灯变为黑色
}
ControlLEDS();//调用 ControlLEDS 函数
}
```

（6）运行测试

将固件程序"STC12C_LED_UART.hex"下载到实验平台中,并运行本软件,运行结果如图 7-11 所示。

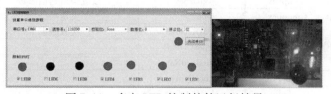

图 7-11 多点 LED 控制软件运行结果

特别说明:在很多项目中,串口通信协议中的数据位为 8 位,停止位为 1 位,故在后面的程序设计中,只需要设置串口号、波特率这两个属性。若使用其他串口通信协议,则需要设置其他属性,可以仿照本项目。

7.2.4 项目总结

本项目的主要新内容有:如何控制每一位数据,将多位数据转换成十进制数,再转换成二进制数发送给实验平台。

7.2.5 实训 高亮 LED 亮度调节控制软件设计

（1）了解串口通信协议

在实验平台已规定好串口通信协议为:115200、8、1、0,且通过向实验平台发送数值来控制高亮 LED 的亮度,共有 22 个等级（0~21）,上位机发数值 10（不是"10"）,则表示为等级 10。

（2）设计应用程序界面

新建一个 Windows 窗体式应用程序,将此项目命名成"LEDLightAdj",将"Form1.cs"文件修改为"frmLEDLightAdj",添加各控件到窗体中,界面如图 7-12 所示。

图 7-12 高亮 LED 亮度调节软件界面

（3）设置控件属性

界面中各控件属性设置如表 7-5 所示。

表 7-5　各控件属性及属性值

控件名称	Name 属性	Text 属性	特殊
Form	frmLEDLightAdj	高亮 LED 亮度调节软件	
Groupbox	gboxSet	设置串口通信参数	
Groupbox	gboxSend	发送数据	Enable 属性 false
Groupbox	gboxReceive	接收数据	
ComboBox	cboxCOM		
ComboBox	cboxBaudRate		
ComboBox	cboxParity		
ComboBox	cboxDataBits		
ComboBox	cboxStopBits		
Lable	lblCOM	串口号	
Lable	lblBaudRate	波特率	
Lable	lblParity	校验位	
Lable	lblDataBits	数据位	
Lable	lblStopBits	停止位	
button	btnCOM	打开串口	
button	btnSend	发送数据	
ovalShape	osOpen		FillStyle：Solid Size：39，39
textBox	txtReceive		MultiLine 设为 true，
textBox	txtSend		ScrollBars 设为 Vertical
serialPort	spData		

（4）项目功能实现

1）定义一个成员数组，用于存储发送和接收到的数据：byte[ ] _buffer = { 0 }；

2）在窗体的加载事件中添加如下代码，实现添加多个串口号、多种波特率等参数，且能得到一个可以使用的串口号。

```
bool temp = false;//定义一个 bool 型的变量 temp,并赋初值 false

for ( int i = 1; i < = 100; i + + )//添加 100 个串口号
{
    cboxCOM. Items. Add("COM" + i);
}

for ( int i = 0; i < = 100; i + + )//自动获取可用的串口号
{
    try
    {
        spData. PortName = "COM" + i;
        spData. Open( );
        cboxCOM. Text = "COM" + i;
        spData. Close( );
        temp = true;
        break;
```

```
        }
        catch{}
}

if(! temp)//若找不到可用的串口号,则设置默认的串口号COM1
{
    cboxCOM.Text = "COM1";
}

cboxBaudRate.Items.Add("4800");//添加常用的波特率,其他的可以自己添加
cboxBaudRate.Items.Add("9600");
cboxBaudRate.Items.Add("19200");
cboxBaudRate.Items.Add("115200");
cboxBaudRate.Text = "115200";//波特率默认值为115200

cboxParity.Items.Add("None");//添加奇偶校验状态
cboxParity.Items.Add("Even");
cboxParity.Items.Add("Odd");
cboxParity.Text = "None";//奇偶校验状态默认值为"None"

cboxDataBits.Items.Add("8");
cboxDataBits.Items.Add("9");
cboxDataBits.Text = "8";//数据位默认值为8

//添加停止位
cboxStopBits.Items.Add("1 位");
cboxStopBits.Items.Add("1.5 位");
cboxStopBits.Items.Add("2 位");
cboxStopBits.Text = "1 位";//停止位默认值为1

gboxSend.Enabled = false;//发送框中的所有控件不可用,避免误操作
```

3) 在"打开串口"按钮的Click事件中添加如下代码。

```
try
{
    if(btnCOM.Text == "打开串口")//如果打开串口按钮显示"打开串口"
    {
        spData.PortName = cboxCOM.Text;//获取串口号信息
        spData.BaudRate = int.Parse(cboxBaudRate.Text);//获取波特率信息
        switch(cboxStopBits.Text) // 设置停止位
        {
            case "1 位":
                spData.StopBits = System.IO.Ports.StopBits.One;
                break;
            case "1.5 位":
                spData.StopBits = System.IO.Ports.StopBits.OnePointFive;
                break;
```

```
                    case "2 位":
                        spData.StopBits = System.IO.Ports.StopBits.Two;
                          break;
                    default:
                          break;
                }

            switch(cboxParity.Text) // 设置奇偶校验位
            {
                case "None":
                    spData.Parity = System.IO.Ports.Parity.None;
                    break;
                case "Even":
                    spData.Parity = System.IO.Ports.Parity.Even;
                    break;
                case "Odd":
                    spData.Parity = System.IO.Ports.Parity.Odd;
                    break;
                 default:
                    break;
            }
            spData.DataBits = int.Parse(cboxDataBits.Text); // 设置数据位
            spData.Open();//打开串口
            osOpen.FillColor = Color.Red;//指示灯变红色
            gboxSend.Enabled = true;//发送框中控件可用
            btnCOM.Text = "关闭串口";//按钮显示"关闭串口"
        }
        else//如果按钮显示"关闭串口"
        {
            spData.Close();//关闭串口
            osOpen.FillColor = Color.Black;//指示灯变黑色
            this.btnSend.Enabled = false;//发送按钮不可用
            this.txtSend.Enabled = false;//发送文本框不可用
            this.txtReceive.Enabled = false;//接收文本框不可用
            btnCOM.Text = "打开串口";//按钮显示"打开串口"
        }
    }
    catch//异常捕获,提示异常信息
    {
        MessageBox.Show("串口被占用或是不存在,请检查","错误",MessageBoxButtons.OK,MessageBoxIcon.Error);
```

4）在"发送数据"按钮的 Click 事件中添加如下代码。

```
try
{
    if(txtSend.Text == "")//如果发送文本框中的内容为空
    {
```

```
            MessageBox.Show("发送的文本不能为空");//提示信息
            txtSend.Focus();//光标锁定在发送文本框
        }
        else   //如果发送文本框中的内容不为空
        {   //将发送文本框中的数值转换为十进制数赋值给数组 buffer
            buffer[0] = Convert.ToByte(txtSend.Text,10);
            spData.Write(buffer, 0, 1);//将数组 buffer 中的数据写入串口
            txtSend.Text = "";//清空发送文本框
            txtSend.Focus();//光标锁定在发送文本框
        }
    }
    catch (Exception ex)//异常捕获,提示异常信息
    {
        MessageBox.Show(ex.Message);
    }
```

5) 在串口控件 spData 的 DataReceived 事件中添加如下代码。

```
spData.Read(buffer,0,1);//从串口读取数据
string temp = buffer[0].ToString();//将读取的数据转换位字符串
this.txtReceive.Text += temp + "\r\n";//在接收区显示读取到的数据
```

6) 运行测试。

连接好实验平台,下载固件程序"STC12C_PWM_UART.hex"到实验平台,运行本程序,单击"打开串口"按钮打开串口,在发送数据区的文本框中输入 0~20 中的任意数字,同时观察实验平台的高亮 LED 灯的高亮变化(请用一张白纸盖住,避免亮度过高对眼睛不适),本软件运行效果如图 7-13 所示。

图 7-13 高亮 LED 亮度控制软件运行效果图

(5)优化程序

问题:当输入的数字大于 21 或小于 0,会出现什么现象?如何改进这个程序?请编程并测试。

7.3 项目 3 数字电压计数据采集(不带命令)控制软件设计

7.3.1 串口通信协议

在实验平台已规定好串口通信协议为:115200、8、1、0,且实验平台上传的数据格式为 x.xxVxxxmA 的字符串数据上来,V 左边的数据表示电压,mA 左边的数据表示电流。

7.3.2 设计界面

（1）创建应用程序工程

新建一个 Windows 窗体式应用程序，将此项目命名成"Voltmeter-NoCommand"，将"Form1.cs"文件修改为"frmVoltageNoCommand"，添加各控件到窗体中，界面如图 7-14 所示。

（2）设置控件属性

各控件的相关属性，如表 7-6 所示。

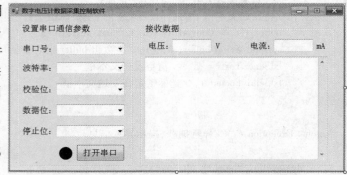

图 7-14 数字电压计数据采集（不带命令）软件界面

表 7-6 控件各属性及属性值

控件名称	Name 属性	Text 属性	说明
Form	frmVoltmeter	数字电压计数据采集控制软件	
Groupbox	gboxSet	设置串口通信参数	
Groupbox	gboxReceive	接收数据	
ComboBox	cboxCOM		
ComboBox	cboxBaudRate		
ComboBox	cboxParity		
ComboBox	cboxDataBits		
ComboBox	cboxStopBits		
Lable	lblCOM	串口号	
Lable	lblBaudRate	波特率	
Lable	lblParity	校验位	
Lable	lblDataBits	数据位	
Lable	lblStopBits	停止位	
button	btnCOM	打开串口	
ovalShape	osOpen		FillStyle：Solid Size：30，30
textBox	txtReceive		Multiline：True ScroolBars：Vertical
textBox	txtVol		
textBox	txtCur		
Lable	lblVol	电压	
Lable	lblV	V	
Lable	lblCur	电流	
Lable	lblmA	mA	
serialPort	spData		

7.3.3 项目功能实现

（1）窗体的加载事件驱动程序

窗体加载事件代码请参考项目 2 的窗体加载事件的相关代码。

（2）"打开串口"按钮的 Click 事件驱动程序

"打开串口"按钮的 Click 事件代码请参考项目 2 的相关代码。

（3）串口控件的 DataReceived 事件驱动程序

在串口控件 spData 的 DataReceived 事件中添加如下代码。
```
try
{//数据格式为 x.xxVxxxmA
    string temp = this.spData.ReadExisting();//将串口读取数据
    txtReceive.Text = temp + "\r\n" + this.txtReceive.Text;//接收区显示数据
    double _V = double.Parse(temp.Substring(0,4));//提取电压值
    double _A = double.Parse(temp.Substring(5,3));//提取电流值
    this.txtVol.Text = _V.ToString();//电压文本框显示电压值
    this.txtCur.Text = _A.ToString();//电流文本框显示电流值
}
catch(Exception ex)//捕获异常,提示异常信息
{
    MessageBox.Show(ex.Message);
}
```

(4) 运行测试

将固件程序"STC12C_AD_UART_3V3_NO.hex"或"STC12C_AD_UART_5V0_NO.hex"下载到实验平台中,并运行本软件,打开串口后,运行结果如图 7-15 所示。

特别说明:"STC12C_AD_UART_3V3_NO.hex"是针对 STC12LE5A 开头的 3.3V 单片机,"STC12C_AD_UART_5V0_NO.hex"是针对 STC12C5A 开头的 5V 单片机。

图 7-15 数字电压计数据软件运行结果

7.3.4 项目总结

本项目的主要新内容有:如何从固定格式的信息中解析出需要的数据,处理左边不需要的 0,如将 037 处理成 37。

7.3.5 实训 带命令的数字电压计数据采集软件设计

(1) 了解串口通信协议

数字电压计数据采集(带命令)控制软件,在实验平台已规定好串口通信协议为: 115200、8、1、0,且当上位机控制软件发送数字 1(即'1')时,实验平台开始上传格式为

x.xxVxxxmA 的字符串数据上来，V 前面的数据表示电压，mA 前面的数据表示电流；当发送其他字符时，则停止上传数据。

（2）设计应用程序界面

新建一个 Windows 窗体式应用程序，将此项目命名成"Voltmeter-Command"，将"Form1.cs"文件修改为"frmVoltmeter Command"，添加各控件到窗体中，界面如图 7-16 所示。

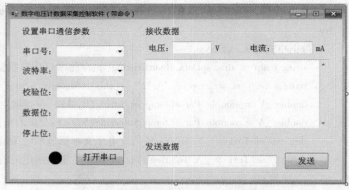

图 7-16 数字电压计数据采集（带命令）软件界面

（3）设置控件属性

界面中各控件属性设置如表 7-7 所示。

表 7-7 各控件属性及属性值

控件名称	Name 属性	Text 属性	说 明
Form	frmVoltmeter	数字电压计数据采集控制软件（带命令）	
Groupbox	gboxSet	设置串口通信参数	
Groupbox	gboxReceive	接收数据	
Groupbox	gboxSend	发送数据	Enable 属性 false
ComboBox	cboxCOM		
ComboBox	cboxBaudRate		
ComboBox	cboxParity		
ComboBox	cboxDataBits		
Lable	lblCOM	串口号	
Lable	lblBaudRate	波特率	
Lable	lblParity	校验位	
Lable	lblDataBits	数据位	
Lable	lblStopBits	停止位	
ComboBox	cboxStopBits		
button	btnOpen	打开串口	
button	btnSend	发送数据	
ovalShape	osOpen		FillStyle：Solid Size：30，30
textBox	txtReceive		Multiline：True ScroolBars：Vertical
textBox	txtVol		
textBox	txtCur		
textBox	txtSend		
Lable	lblVol	电压	
Lable	lblV	V	
Lable	lblCur	电流	
Lable	lblmA	mA	
serialPort	spData		

（4）项目功能实现

1）窗体的加载事件驱动代码。

窗体加载事件代码请参考项目 2 的窗体加载事件的相关代码。

2）"打开串口"按钮的 Click 事件驱动代码。

"打开串口"按钮的 Click 事件代码请参考项目 2 的相关代码。

3）"发送数据"按钮的 Click 事件驱动代码。

在"发送数据"按钮的 Click 事件中添加如下代码。

```
private void btnSend_Click ( object sender, EventArgs e)
{
    try
    {
        if ( txtSend. Text = = "")   //如果发送文本框为空
        {
            MessageBox. Show ("发送的文本不能为空");  //提示信息
            txtSend. Focus ();
        }
        else   //如果发送文本框不为空
        {
            spData. Write (txtSend. Text);  //将发送文本框中的内容写入串口
            xtSend. Text = "";  //清空发送文本框
            txtSend. Focus ();  //光标锁定在发送文本框
        }
    }
    catch (Exception ex)  //异常捕获，提示异常信息
    {
        MessageBox. Show (ex. Message);
    }
}
```

4) 串口控件 spData 的 DataReceived 事件。

在串口控件 spData 的 DataReceived 事件中添加如下代码。

```
try
{
    string temp = this. spData. ReadExisting();  //将串口读取数据
    txtReceive. Text = temp + " \r\n" + this. txtReceive. Text;  //接收区显示数据
    this. txtVol. Text = temp. Substring(0,4);  //x. xxVxxxmA
    this. txtCur. Text = temp. Substring(5,3);
}
catch (Exception ex)  //捕获异常,提示异常信息
{
    MessageBox. Show( ex. Message);
}
```

5) 将固件程序"STC12C_AD_UART_3V3_Command. hex"或"STC12C_AD_UART_5V0_Command. hex"下载到实验平台中，并运行本软件，运行结果如图 7-17 所示。

(5) 程序优化

1) 已知上传的数据格式，还要可以用什么方法解析数据？请编程并测试。

2) 如何对输入的数据位数进行检测？如用户输入的是"11"这样两的数据，应该给出相关的错误信息提示。

7.3.6 项目实践——温度湿度数据采集上位机软件设计

(1) 了解串口通信协议

数字电压计数据采集（带命令）控制软件，在实验平台已规定好串口通信协议为：115200、8、1、0，且当上位机控制软件发送数字 1（即'1'）时，实验平台开始上传格式为 Hxx. xxCxx. xx 的字符串数据上来，H 右边的数据表示湿度，C 右边的数据表示温度；发送其

图 7-17 数字电压计数据采集（带命令）软件运行结果

他字符，则停止上传数据。

特别注意：由于在实际远程项目数据传输过程中可能会存在数据跳变的情况，出现一些格式不符的数据，应该去掉。本项目所提供的数据就含有格式错误的数据，请想办法去掉。

（2）设计应用程序界面

应用程序界面及运行结果如图 7-18 所示，特别注意，在 Win8 平台下窗体上的文字居中显示，在 Win7 平台下窗体上的文字靠左显示。

（3）项目实现功能要求

具体功能要求如下。

1）设定合适的串口号、波特率、校验位、数据位、停止位等一系列参数后打开串口，"打开串口"指示灯变为红色。

2）打开串口成功后，数据发送区所有控件可操作，当在发送文本框中发送数字 1 （即'1'），接收文本框中则接收到格式为

图 7-18 温湿度数据采集软件界面

Hxx.xxCxx.xx 的字符串数据，并且把相应的温度值和湿度值解析出来，在相应的位置显示；当在发送文本框中发送数字 0（即'0'），则停止采集数据。

3）串口未打开时，数据发送区所有控件不可操作。

4）在本项目的基础上，添加一个保存按钮，能将接收到的数据保存到文本文件中。

7.4 习题

1）在 C#中进行串口通信，使用了哪个控件，该控件有哪些主要属性、事件、方法？
2）如何将 ComBox 控件中的数字转换成数值？
3）如何将最新上传的值放在多行文本框中最上面显示？
4）如何方便地将多个控件同时禁止使用或同时允许使用？
5）如何从指定格式的字符串中取出数值，如从 "2.12V321mA" 取出 2.12 和 321。

第 8 章　多线程与网络编程

随着物联网技术的发展,可以通过互联网技术对远程电子系统进行数据采集和控制。

在网络编程中主要有 TCP 编程和 UDP 编程两种技术,由于网络终端在连接、数据通信过程都是未知的,软件可能处于阻塞状态,为了保证软件能响应其他事件,应该使用多线程技术。

本章的主要内容有:
1) 多线性技术及相关类、委托。
2) TCP 编程相关的类。
3) 基于 TCP 的服务器端软件设计。
4) 基于 TCP 的客户端软件设计。
5) UDP 编程相关类及软件设计。

8.1　线程编程

8.1.1　进程和线程

进程(Process)是 Windows 系统中的一个基本概念,它包含着一个运行程序所需要的资源。进程之间是相对独立的,一个进程无法访问另一个进程的数据(除非利用分布式计算方式),一个进程运行的失败不会影响其他进程的运行,Windows 系统就是利用进程把工作划分为多个独立的区域,进程可以理解为一个程序的基本边界。

线程(Thread)是进程中的基本执行单元,在进程入口执行的第一个线程被视为这个进程的主线程。在 .NET 应用程序中,都是以 Main() 方法作为入口的,当调用此方法时系统就会自动创建一个主线程。

1) 进程与线程:进程作为操作系统执行程序的基本单位,拥有应用程序的资源,进程包含线程,进程的资源被线程共享,线程不拥有资源。

2) 前台线程和后台线程:通过 Thread 类新建线程默认为前台线程。当所有前台线程关闭时,所有的后台线程也会被直接终止,不会抛出异常。

3) 挂起(Suspend)和唤醒(Resume):由于线程的执行顺序和程序的执行情况不可预知,所以使用挂起和唤醒容易发生死锁的情况,在实际应用中应该尽量少用。

4) 阻塞线程:Join,阻塞调用线程,直到该线程终止。

5) 终止线程:Abort:抛出 ThreadAbortException 异常使线程终止,终止后的线程不可唤醒;Interrupt:抛出 ThreadInterruptException 异常使线程终止,通过捕获异常可以继续执行。

6) 线程优先级:AboveNormal、BelowNormal、Highest、Lowest、Normal,默认为 Normal。

8.1.2 多线程

在单 CPU 系统的一个单位时间内,CPU 只能运行单个线程,运行顺序取决于线程的优先级别。如果在单位时间内线程未能完成执行,系统就会把线程的状态信息保存到线程的本地存储器(TLS)中,以便下次执行时恢复执行。而多线程只是系统带来的一个假象,它在多个单位时间内进行多个线程的切换。因为切换频密而且单位时间非常短暂,所以多线程可被视作同时运行。

适当使用多线程能提高系统的性能,比如:在系统请求大容量的数据时使用多线程,把数据输出工作交给异步线程,使主线程保持其稳定性去处理其他问题。但需要注意一点,因为 CPU 需要花费不少的时间在线程的切换上,所以过多地使用多线程反而会导致性能的下降。

8.1.3 使用线程的好处

1)可以使用线程将代码同其他代码隔离,提高应用程序的可靠性。
2)可以使用线程来简化编码。
3)可以使用线程来实现并发执行。

8.1.4 Thread 类

(1) System. Threading. Thread 类
System. Threading. Thread 是用于控制线程的基础类,通过 Thread 可以控制当前应用程序域中线程的创建、挂起、停止、销毁。

(2) Thread 类的主要方法
Thread 中包括了多个方法来控制线程的创建、挂起、停止、销毁,Thread 类的主要方法有以下几种。

1) Thread()。
Thread 的构造方法重载了 4 种形式,常用的形式如下。
public Thread(ThreadStart start):初始化 Thread 类的新实例,开始执行此线程时要调用的方法的 ThreadStart 委托。

2) Start()。
Start() 方法使线程得以按计划执行,该方法共有两种形式。
① public void Start():导致操作系统将当前实例的状态更改为 ThreadState. Running。
② public void Start(object parameter):导致操作系统将当前实例的状态更改为 ThreadState. Running,并选择提供包含线程执行的方法要使用的数据的对象。

3) Abort()。
Abort() 方法使用线程中止,该方法共有两种形式。
① public void Abort():在调用此方法的线程上引发 ThreadAbortException,以开始终止此线程的过程。调用此方法通常会终止线程。
② public void Abort(object stateInfo):引发在其上调用的线程中的 ThreadAbortException 以开始处理终止线程,同时提供有关线程终止的异常信息。调用此方法通常会终止线程。

4)Sleep()。

Sleep()方法挂起当前中断,该方法共有两种形式。

① public static void Sleep(int millisecondsTimeout):挂起线程的毫秒数。如果 millisecondsTimeout 参数的值为零,则该线程会将其时间片的剩余部分让给任何已经准备好运行的、具有同等优先级的线程。如果没有其他已经准备好运行的、具有同等优先级的线程,则不会挂起当前线程的执行。

② public static void Sleep(TimeSpan timeout):timeout 为挂起线程的时间量。如果 millisecondsTimeout 参数的值为 TimeSpan.Zero,则该线程会将其时间片的剩余部分让给任何已经准备好运行的、具有同等优先级的线程。如果没有其他已经准备好运行的、具有同等优先级的线程,则不会挂起当前线程的执行。

(3)Thread 类的主要属性

Thread 类有许多属性,但最主要的属性如表 8-1 所示。

表 8-1 Thread 类的主要属性

属性名称	含 义
CurrentThread	获取当前正在运行的线程
IsAlive	获取一个值,该值指示当前线程的执行状态
Priority	获取或设置一个值,该值指示线程的调度优先级
ThreadState	获取一个值,该值包含当前线程的状态
Name	获取或设置线程的名称

8.1.5 ThreadStart 委托

原型为 public delegate void ThreadStart()。

该委托用于没有参数的方法,在创建托管的线程时,在该线程上执行的方法将通过一个传递给 Thread 构造函数的 ThreadStart 委托来表示。在调用 System.Threading.ThreadStart 方法之前,该线程不会开始执行。

执行将从 ThreadStart 委托表示的方法的第一行开始,ThreadStart 委托可用于实例方法和静态方法。

8.1.6 ParameterizedThreadStart 委托

原型为 public delegate void ParameterizedThreadStart(object obj)。

该委托用于带参数的方法,在创建托管的线程时,在该线程上执行的方法将通过一个传递给 Thread 构造函数的 ParameterizedThreadStart 委托来表示。在调用 System.Threading.Thread.Start 方法之前,该线程不会开始执行。执行将从 ParameterizedThreadStart 委托表示的方法的第一行开始。

ParameterizedThreadStart 委托可用于实例方法和静态方法。

8.1.7 C#中的多线程应用

线程函数通过委托传递,可以不带参数,也可以带参数(只能有一个参数),可以用一个类或结构体封装参数。

(1) 不带参数的多线程程序设计

【例8-1】 不带参数的多线程程序设计。

```csharp
//在空项目中添加多线程命名空间
using System.Threading;
namespace Example8_1
class Program
{
    static void Main()
    {
        ThreadStart threadDelegate = new ThreadStart(Work.DoWork);
        Thread newThread = new Thread(threadDelegate);
        newThread.Start();
        Work w = new Work();
        w.data = 42;
        threadDelegate = new ThreadStart(w.DoMoreWork);
        newThread = new Thread(threadDelegate);
        newThread.Start();
    }
}

class Work
{
    public int data;

    public static void DoWork()
    {
        Console.WriteLine("Static thread procedure.");
    }

    public void DoMoreWork()
    {
        Console.WriteLine("Instance thread procedure. data = {0}", data);
    }
}
```

(2) 带参数的多线程程序设计

【例8-2】 带参数的多线程程序设计。

```csharp
//添加必要的命名空间
using System.Threading;
using System.Collections;
```

```
namespace Example8_2
{
    class Program
    {
        static void Main(string[ ] args)
        {
            ArrayList list = new ArrayList( );
            list.Add(10);
            list.Add(20);//一个只有两个数据的 ArrayList 对象
            Thread t = new Thread(new ParameterizedThreadStart(Add));
            t.IsBackground = true;
            t.Start(list);
            Console.ReadKey( );
        }

        public static void Add(Object obj)
        {
            ArrayList list = (ArrayList)obj;
            int x = (int)list[0];
            int y = (int)list[1];
            int z = x + y;
            Console.WriteLine("{0} + {1} = {2}",x,y,z);
        }
    }
}
```

8.2 TCP 简介与通信流程

8.2.1 TCP 简介

TCP 是 TCP/IP 体系中最重要的传输层协议，它提供全双工和可靠传输的服务。TCP 是一种面向连接的、可靠的、基于字节流的传输层通信协议。在 TCP/IP 核心协议中，TCP 位于 IP 层之上的，在整体网络协议族中，它处于应用层诸多协议之下，很多常见的网络应用的协议（HTTP/FTP/SMTP/POP3 等）都是执行在 TCP 基础之上的。

由于网络上不同主机的应用层之间经常需要可靠的、像管道一样的连接方式，但由于 IP 层本身并不提供这样的流机制，故需要由 TCP 完成传输管道功能。

TCP 最主要的特点如下。

1）TCP 是面向连接的协议。

2）端到端的通信。每个 TCP 连接只能有两个端点，而且只能是一对一通信，不能一点对多点直接通信。

3）高可靠性。通过 TCP 连接传送的数据，能够保证数据无差错，不丢失，不重复地准确到达接收方,并且保证数据到达的顺序与其发出的顺序相同。

4) 全双工方式传输。
5) 数据了字节流的方式传输。
6) 传输的数据无消息边界。

8.2.2 套接字的 TCP 通信流程

TCP 程序是面向连接的,其运行机制是:服务器有一个 Socket 一直处于侦听状态,客户端 Socket 与服务器通信前必须先发起连接请求,服务器上负责端口的 Socket 接受请求并另外创建一个 Socket 与客户端进行通信,自己继续侦听新的请求。

在 TCP 工作时,底层 Socket 详细的通信流程如图 8-1 所示。

8.3 C#中与 TCP 编程相关的类

为了简化网络编程的复杂度,.NET 对套接字进行封装,使用 System.Net.Sockets 命名空间下的 TcpListner 类和 TcpClient 类,这两个类只支持标准协议的编程类。

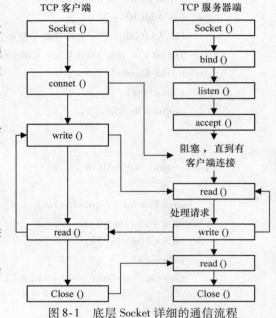

图 8-1 底层 Socket 详细的通信流程

8.3.1 IPAddress 类

IPAddress 提供了对 IP 地址的转换、处理等功能。其 Parse 方法可将 IP 地址字符串转换为 IPAddress 实例,如:

IPAddress ip = IPAddress.Parse("191.167.1.1");

8.3.2 IPEndPoint 类

IPEndPoint 类是一个将网络终结点表示为 IP 地址和端口号的类,位于 System.Net 命名空间里。

对于该类,主要掌握构造方法,该类的构造方法是:
IPEndPoint (IPAddress, Int32)。
该构造方法用于新实例初始化 IPEndPoint 类具有指定的地址和端口号。

8.3.3 TcpListener 类

TcpListener 类提供一些简单方法,用于在阻止同步模式下侦听和接受传入连接请求。该类的主要方法有以下几种。

(1) TcpListener (IPEndPoint iep)

该方法是构造方法，通过传递 IPEndPoint 类型的对象，在指定的 IP 地址与端口监听客户端的连接请求，iep 中包含了本机的 IP 地址与端口号。

（2） TcpListener（IPAddress localAddr，int port）

该方法是构造方法，传送本机的 IP 地址和端口号，并通过指定的本机 IP 地址和端口监听传入连接请求。也可以将本机 IP 地址指定为 IPAddress.Any，将本地端口号指定为 0，这种形式表示 IP 地址和端口号均由系统自动分配。

（3） Start（）

该方法的原型有以下两种。

public void Start（）。

public void Start（int backlog）。

其中参数 backlog 表示请求队列的最大长度，即允许连接的客户端最大数。

该方法用于启动监听，调用 Start（）方法后，系统会自动将 LocalEndPoint 和底层套接字绑定，并自动监听来自客户端的请求。如果接受了一个客户端的请求，则把请求插入队列，然后继续监听下一个请求，直到调用 Stop 方法为止。

（4） Stop（）

该方法的原型是：public void Stop（）。

该方法用于关闭 TcpListener 并停止监听；当程序执行 Stop（）方法后，会立即停止监听客户的连接请求，此时等待队列中所有未接受的连接请求都会丢失，导致等待连接的客户端引发 SocketException 类型的异常，进而会使服务器的 AcceptTcpClient 方法也会产生异常。

但该方法不会关闭已经接受的连接请求。

（5） AcceptSocket（）

在同步阻塞方式下获取并返回一个用于接收和发送数据的 Socket 对象，同时从传入的连接队列中删除该客户端的连接请求。该套接字包含了本地址和远程主机（实验平台）的 IP 地址和端口号，得到该对象后，就可以通过调用 Socket 对象的 Send 和 Receive 方法和远程主机进行通信。

（6） AcceptTcpClient（）

在同步阻塞方式下获取并返回一个封装 Socket 的 TcpClient 对象，同时从传入的连接队列中删除该客户端的连接请求，得到该对象后，就可以通过该对象的 GetStream 方法生成 NetworkStream 对象，并通过 NetworkStream 对象与客户端进行通信。

8.3.4 TcpClient 类

TcpClient 类包含在 System.Net.Socket 命名空间中，该类主要用于客户端编程，而有服务器端程序是通过 TcpListener 的对象的 AccetTcpClient 方法得到 TcpClient 对象，故在服务器程序中不需要使用 TcpClient 类的构造函数创建 TcpClient 对象。

TcpClient 类的主要方法有以下几种。

（1） TcpClient（IPEndPoint iep）

该方法是构造方法，其中参数 iep 用于指定远程主机（客户端）IP 地址与端口号。使用该构造方法创建对象后，还必须调用 Connect 方法与服务器建立连接。如：

147

```
IPAddress[ ] address = Dns.GetHostAddresses(Dns.getHostName( ));
IPEndPoint iep = new IPEndPoint(address[0],5188);
TcpClient tcpClient = new TcpClient(iep);
tcpClient.Connect("191.167.1.4",8080);
```

(2) TcpClient (string hostname, int port)

该方法是构造方法，其中参数 hostname 是用于指定远程主机（客户端）IP 的地址，port 用于指定端口号。

该构造方法会自动分配最合适的本地主机 IP 地址和端口号，并对 DNS 进行解析，然后与远程主机建立连接，如：

```
TcpClient tcpClient = new TcpClient("191.167.1.4","8080");
```

一旦创建了 TcpClient 对象，就可以利用该对象的 GetStream() 方法到得 NetworkStream 对象，并利用该对象向远程主机发送数据流，或从远程主机接收数据流。

NetworkStream 对象是一个比较复杂的对象，一般处理方法是利用 NetworkStream 对象得到其他的使用更方便的对象与对方进行通信，如 BinaryReader 对象、BinaryWriter 对象、StreamReader 对象及 StreamWriter 对象。

(3) Connect() 方法

Connect 方法有多种，最常用的方法有以下几种。

1) public void Connect (string hostname, int port)：使用指定的 IP 地址和端口号将客户端连接到 TCP 主机。

2) public void Connect (IPAddress remoteAddress, int remotePort)：使用指定的远程网络终结点将客户端连接到远程 TCP 主机。

3) public void Connect (IPEndPoint remoteEP)：将客户端连接到指定主机上的指定端口。

(4) BeginConnect() 方法

BeginConnect() 方法有多种，最常用的方法有以下几种。

1) public IAsyncResult BeginConnect (IPAddress, Int32, AsyncCallback, Object)：开始一个对远程主机连接的异步请求。远程主机由 IPAddress 和端口号（Int32）指定。

2) public IAsyncResult BeginConnect (string host, int port, AsyncCallback requestCallback, object state)：开始一个对远程主机连接的异步请求。远程主机由主机名（String）和端口号（Int32）指定。

(5) Close() 方法

public void Close()，释放此 TcpClient 实例，并请求关闭基础 TCP 连接。

8.3.5 NetworkStream 类

NetworkStream 类是位于 System.Net.Sockets 命名空间里的一个类，NetworkStream 类提供在阻止模式下通过 Stream 套接字发送和接收数据的方法。

(1) NetworkStream 类的主要方法有以下几种形式

1) NetworkStream (Socket)。

该方法为构造方法，用于创建的新实例 NetworkStream 为指定的类 Socket。

2) NetworkStream (Socket, Boolean)。

该方法为构造方法,新实例初始化 NetworkStream 为指定的类 Socket 具有指定 Socket 所有权。

若要创建 NetworkStream,必须提供连接 Socket。在默认情况下,关闭 NetworkStream 不会关闭提供 Socket。如果希望 NetworkStream 必须具有权限才能关闭所提供 Socket,须指定 true 的 ownsSocket 参数的值。

一般而言,NetworkStream 的实例可直接由 TcpClient 的实例(对象)的 GetStream() 得到。

3) int Read(byte [ ] buffer, int offset, int size)。

该方法将数据读入 buffer 参数并返回成功读取的字节数。如果没有可以读取的数据,则 Read 方法返回 0。Read 操作将读取尽可能多的可用数据,直至达到由 size 参数指定的字节数为止。

如果远程主机关闭了连接并且已接收到所有可用数据,Read 方法将立即完成并返回零字节。

4) void Write(byte [ ] buffer, int offset, int size)。

Write 方法在指定的 offset 处启动,并将 buffer 内容中的 size 字节发送到网络。Write 方法将一直处于阻止状态(可以用异步解决),直到发送了请求的字节数或引发 SocketException 为止。如果收到 SocketException,可以使用 SocketException.ErrorCode 属性获取特定的错误代码。

(2) NetworkStream 的主要属性

1) DataAvailable:指示在要读取的 NetworkStream 上是否有可用的数据。一般来说通过判断这个属性来判断 NetworkStream 中是否有数据。

2) CanWrite:获取一个值,该值指示是否 NetworkStream 支持写入。覆盖 Stream.CanWrite。

3) CanRead:获取一个值,该值指示是否 NetworkStream 支持读取。覆盖 Stream.CanRead。

8.3.6 基于 TCP 的服务器端软件设计

(1) 软件界面设计

基于 TCP 的服务器端软件界面如图 8-2 所示。

(2) 窗体属性设置

窗体的主要属性如表 8-2 所示。

(3) 其他控件的主要属性(所有控件的 Font 属性设置为宋体小四号)

其他控件的主要属性如表 8-3 所示。

另将 txtRecieveData 的 MultiLine 设置为 True,将 ScrollBars 设置为 Vertical。

(4) 代码实现

1) 定义成员变量。

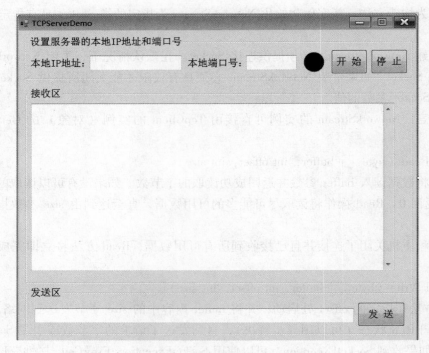

图 8-2 基于 TCP 的服务器端软件界面

表 8-2 窗体的主要属性及属性值

属性名称	属性值
name	frmTcpServerDemo
Text	TCPServerDemo

表 8-3 其他控件的主要属性及属性值

控件名称	Name	Text	Enable	用途
TextBox	txtLocalIP		True	输入本地 IP 地址
TextBox	txtLocalPort		True	输入本地端口号
TextBox	txtRecieveData		True	接收网络数据
TextBox	txtSendData		True	输入发送数据
Button	btnConnect	开始	True	
Button	btnStop	停止	False	
Button	btnSend	发送	False	

```
TcpListener _server = null;
Thread _thread = null;
TcpClient _client = null; //
IPEndPoint _ipendpoint = null;
NetworkStream _stream = null;
int _port = 0;
bool _begin = false;
```

2）btnConnect 的事件代码。

```
string serverName = txtLocalIP.Text.Trim();
```

```csharp
string portName = txtLocalPort.Text.Trim();

btnSentData.Enabled = true;
btnStop.Enabled = true;
osStatus.FillColor = Color.Red;
_port = int.Parse(portName);
_server = new TcpListener(IPAddress.Parse(serverName), _port);
_server.Start();
_begin = true;
_thread = new Thread(new ThreadStart(Start));
_thread.Start();

private void Start()
{
    try
    {
        txtRecieveData.Text = "开始监听.....\r\n";

        while (_begin)
        {
            if (_client == null)
            {
                _client = _server.AcceptTcpClient();
            }

            _ipendpoint = _client.Client.RemoteEndPoint as IPEndPoint;
            _stream = _client.GetStream();
            string data = string.Empty;
            byte[] bytes = new byte[1024];
            int length = _stream.Read(bytes, 0, bytes.Length);

            if (length > 0)
            {
                data = Encoding.Default.GetString(bytes, 0, length);
                txtRecieveData.Text += _ipendpoint.ToString() + "发来的数据:" + data + "\r\n";
            }
        }
    }
    catch (Exception ex)
    {
        _thread.Abort();
        MessageBox.Show(ex.Message);
    }
}
```

}

3）btnStop 的事件代码。

```
btnStop.Enabled = false;
btnSentData.Enabled = false;
osStatus.FillColor = Color.Black;
CloseServer();

private void CloseServer()
{
    _begin = false;

    if (_stream != null)
    {
        _stream.Close();
    }

    if (_thread != null)
    {
        _thread.Abort();
    }

    if (_client != null)
    {
        _client.Close();
    }

    if (_server != null)
    {
        _server.Stop();
    }
}
```

4）btnSentData 的事件代码。

```
string str = txtSendData.Text.Trim();

if (str.Length > 0)
{
    byte[] messages = Encoding.UTF7.GetBytes(str);
    _stream.Write(messages, 0, messages.Length);
}
```

(5) 测试

Step1 运行本程序并填写本地 IP 地址和端口号，单击"开始"按钮开始监听网络，如图 8-3 所示。

Step2 运行 NetAssist 调试助手，进行图 8-4 所示的配置，单击"连接"按钮连接到服

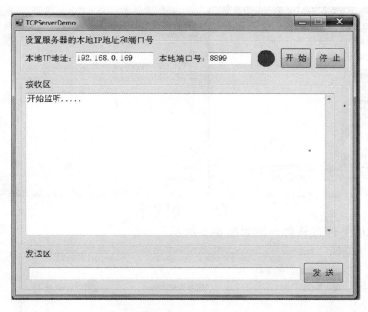

图 8-3　运行本软件

务器端。

　　Step3　分别在两个软件的发送文本框中输入内容并进行发送，运行结果如图 8-5 所示。

图 8-4　配置 NetAssist 调试助手

8.3.7　基于 TCP 的客户端软件设计

　　（1）软件界面设计

153

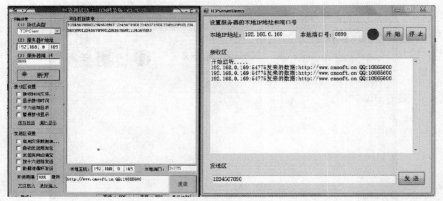

图 8-5 测试结果

基于 TCP 的服务器端软件界面如图 8-6 所示。

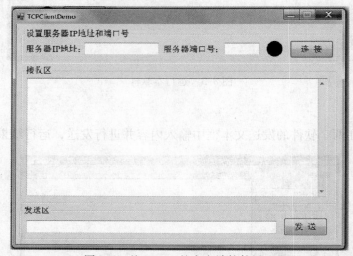

图 8-6 基于 TCP 的客户端软件界面

（2）窗体属性设置

窗体的主要属性及属性值如表 8-4 所示。

表 8-4 窗体的主要属性及属性值

属性名称	属性值
name	frmTcpClientDemo
Text	TCPClientDemo

（3）其他控件的主要属性（所有控件的 Font 属性设置为宋体小四号）

其他控件的主要属性及属性值如表 8-5 所示。

表 8-5 其他控件的主要属性及属性值

控件名称	Name	Text	Enable	用途
TextBox	txtLocalIP		True	输入服务器 IP 地址
TextBox	txtLocalPort		True	输入服务器端口号
TextBox	txtRecieveData		True	接收网络数据
TextBox	txtSendData		True	输入发送数据
Button	btnConnect	开始	True	
Button	btnSend	发送	False	

另将 txtRecieveData 的 MultiLine 设置为 True，将 ScrollBars 设置为 Vertical。
(4) 代码实现
1) 定义成员变量：
TcpClient _tcpClient = null;
NetworkStream _ntwStream = null;
Thread _thrListener = null;
2) btnConnect 的事件代码：
if (btnConnect. Text = = "连 接")
{
  string portNumber = txtRemotePort. Text. Trim( );

  try
  {
    _tcpClient = new TcpClient(txtRemoteIP. Text, int. Parse(portNumber));
    _ntwStream = _tcpClient. GetStream( );
    _thrListener = new Thread(new ThreadStart(ReadDataFromNetWork));
    _thrListener. Start( );
    osStatus. FillColor = Color. Red;
    btnConnect. Text = "关 闭";
  }
  catch (Exception ex)
  {
    _ntwStream. Close( );
    _tcpClient. Close( );
    _thrListener. Abort( );
    osStatus. FillColor = Color. Black;
    MessageBox. Show(ex. Message);
    return;
  }
}
else
{
  _ntwStream. Close( );
  _tcpClient. Close( );
  _thrListener. Abort( );
  osStatus. FillColor = Color. Black;
  btnConnect. Text = "连 接";
}

private void ReadDataFromNetWork( )
{
  while (true)

```
        }
            byte[ ] bytes = new Byte[1024];
            string data = string.Empty;
            int length = _ntwStream.Read(bytes, 0, bytes.Length);

            if(length > 0)
            {
                data = Encoding.Default.GetString(bytes, 0, length);
                txtRecieveData.Text + = data + "\r\n";
            }
        }
}
```

3）btnSentData 的事件代码：

```
string str = txtSendData.Text.Trim();

if(str.Length > 0)
{
    BinaryWriter writer = new BinaryWriter(_ntwStream);
    Byte[ ] bytSend = Encoding.UTF7.GetBytes(str);
    writer.Write(bytSend, 0, bytSend.Length);
}
```

（5）测试

Step1　运行服务器端程序并填写本地 IP 地址和端口号，单击"开始"按钮开始监听网络，如图 8-7 所示。

图 8-7　运行服务器端软件

Step2 运行 TCPClientDemo 软件，进行图 8-8 所示的配置，单击"连接"按钮连接到服务器端。

Step3 分别在两个软件的发送文本框中输入内容并进行发送，运行结果如图 8-9 所示。

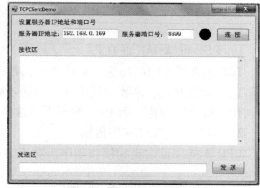

图 8-8 配置 TCPClientDemo 软件

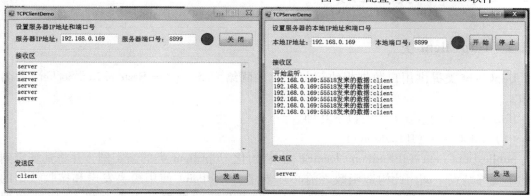

图 8-9 测试结果

8.4 UDP 通信技术

8.4.1 UDP 简介

UDP 是与 TCP 地位相当的另一种传输协议，是目前流行的很多主流网络应用底层的传输基础。例如，QQ 聊天软件就是基于 UDP 协议传输数据的。

UDP 是一种简单的、面向数据报的无连接协议，提供的是不一定可靠的传输服务。所谓"无连接"是指在正式通信前不必与对方先建立连接，不管对方的状态如何，都直接发送过去，这与发邮件、手机发短信非常相似。

8.4.2 UDP 的优缺点

（1）UDP 的优点

1）UDP 速度比 TCP 要快。

这是因为 UDP 不需要先与对方建立连接，也不需要传输确认，因此传输数据的速度要比 TCP 快得多。

2）UDP 可以一对多传输数据。

由于 UDP 传输数据不建立连接，也不需要查询连接状态，因此一台服务器可以同时向多个客户（实验平台）传输相同的数据。

(2) UDP 的缺点

1) UDP 可靠性不如 TCP。

TCP 包含了专门的传递保证机制，当数据接收方接收到数据时，会自动向发送方发出确认信息；发送方只有接收到该确认信息后才能继续传送数据，否则将一直处于等待状态，直到收到确认信息为止，而 UDP 则不提供这种数据传输的保证机制。

2) UDP 不能保证有序传输。

UPD 不能保证发送和接收顺序，对于突发性的数据流，有可能会乱序。

8.5 UdpClient 类及应用

8.5.1 UdpClient 类

UdpClient 类提供用户数据报协议（UDP）网络服务，位于 System.Net.Sockets 命名空间中。

UdpClient 类的主要方法有以下几种。

(1) UdpClient（IPEndPoint）

public UdpClient（IPEndPoint localEP）：初始化 UdpClient 类的新实例，并将其绑定到指定的本地终结点。调用此构造函数之前必须创建 IPEndPoint 使用想要发送和接收数据的远程主机 IP 地址和端口号。不需要指定用于发送和接收数据的本地主机 IP 地址和端口号，如：

IPAddress ipAddress = IPAddress.Parse("191.167.0.1");

IPEndPoint ipLocalEndPoint = new IPEndPoint(ipAddress, 11000);

UdpClient udpClient = new UdpClient(ipLocalEndPoint);

(2) UdpClient（String, Int32）

public UdpClient（string hostname, int port）：新实例初始化 UdpClient 类，并建立默认远程主机，如：

UdpClient udpClient = new UdpClient("www.qq.com", 11000);

(3) Connect（IPAddress, Int32）

public void Connect（IPAddress addr, int port）：建立默认远程主机使用指定的 IP 地址和端口号。

(4) Connect（IPEndPoint）

public void Connect（IPEndPoint endPoint）：建立默认远程主机使用指定的网络终结点。

(5) Connect（String, Int32）

public void Connect（string hostname, int port）：建立默认远程主机使用指定主机名和端口号。

(6) Send（Byte[], Int32）

public int Send（byte[] dgram, int bytes）：将 UDP 数据报发送到远程主机。

(7) Send（Byte[], Int32, IPEndPoint）

public int Send（byte［］dgram，int bytes，IPEndPoint endPoint）：将 UDP 数据报发送到位于指定远程终结点的主机。

（8）Send（Byte［］，Int32，String，Int32）

public int Send（byte［］dgram，int bytes，string hostname，int port）：将 UDP 数据报发送到指定远程主机上的指定端口。

（9）Receive（IPEndPoint）

public byte[ ] Receive（ref IPEndPoint remoteEP）：返回由一台远程主机发送的 UDP 数据报。

（10）Close（）

public void Close（）：关闭 UDP 连接。

8.5.2 基于 UdpClient 类的软件设计

（1）软件界面设计

基于 UdpClient 类的软件界面如图 8-10 所示。

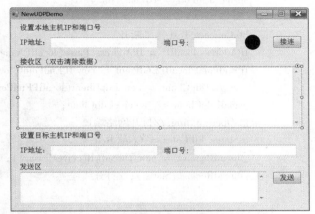

图 8-10 基于 UdpClient 类的软件界面

（2）窗体属性设置

窗体的主要属性如表 8-6 所示。

表 8-6 窗体的主要属性及属性值

属性名称	属性值
name	frmNewUDPDemo
Text	NewUDPDemo

（3）其他控件的主要属性（所有控件的 Font 属性设置为宋体小四号）

其他控件的主要属性如表 8-7 所示，将 txtRecieveData 和 txtSendData 的 MultiLine 设置为 True，将 ScrollBars 设置为 Vertical。

表 8-7 其他控件的主要属性及属性值

控件名称	Name	Text	Enable	用途
TextBox	txtLocalIP		True	输入本地 IP 地址
TextBox	txtLocalPort		True	输入本地端口号
TextBox	txtRecieveData		True	接收网络数据
TextBox	txtSendData		True	输入发送数据
Button	btnConnect	接连	True	
Button	btnSend	发送	False	

（4）代码实现

1）定义成员变量：

private UdpClient _receiveUdpClient = null；
private UdpClient _sendUdpClient = null；
private bool _isOpen = false；
private Thread _threadReceive = null；

2）btnConnect 的事件代码：

```csharp
try
{
    if (btnConnect.Text == "接连")
    {
        string localIPName = txtLocalIP.Text;
        string localPort = txtLocalPort.Text;

        btnConnect.Text = "断开";
        IPAddress localIP = IPAddress.Parse(localIPName);
        IPEndPoint localIPEndPoint = new IPEndPoint(localIP, int.Parse(localPort));
        _receiveUdpClient = new UdpClient(localIPEndPoint);
        _sendUdpClient = _receiveUdpClient;
        _isOpen = true;//打开网络端口
        osStatus.FillColor = Color.Red;
        _threadReceive = new Thread(ReceiveMessage);
        _threadReceive.Start();//打开线程
    }
    else
    {
        btnConnect.Text = "连接";

        if (_isOpen)
        {
            _threadReceive.Abort();
            osStatus.FillColor = Color.Black;
            _receiveUdpClient.Close();
            _isOpen = false;
        }
    }
}
catch (Exception ex)
{
    MessageBox.Show(ex.Message);
}

private void ReceiveMessage()
{
    IPEndPoint remoteIPEndPoint = new IPEndPoint(IPAddress.Any, 0);

    while (true)
    {
        try
        {
            byte[] receiveBytes = _receiveUdpClient.Receive(ref remoteIPEndPoint);
```

```
            string message = Encoding. UTF7. GetString(receiveBytes, 0,
receiveBytes. Length);
                this. txtRecievedData. Text + = message +
System. Environment. NewLine;
            }
            catch {break;}//出现异常直接退出循环
        }
    }
}
```

3) btnSentData 的事件代码：

```
string str = txtSendData. Text. Trim();

if (str. Length > 0)
{
    byte[] sendBytes = Encoding. ASCII. GetBytes(str);
    IPAddress remoteIP = IPAddress. Parse(txtRemoteIP. Text);
    IPEndPoint remoteIPEndPoint = new IPEndPoint(remoteIP, int. Parse(txtRemotePort. Text. Trim()));
    _sendUdpClient. Send(sendBytes, sendBytes. Length, remoteIPEndPoint);
}
```

（5）测试

Step1　两次运行本程序并填写本地 IP 地址和端口号，在两个界面中，本地端口不能相同，单击"连接"按钮开始运行，如图 8-11 所示。

图 8-11　运行本软件

Step2　在左右两个软件分别填写目标主机 IP 和端口号，分别在发送区输入"abcdefg"和"1234567890"，再单击"发送"按钮，运行效果如图 8-12 所示。

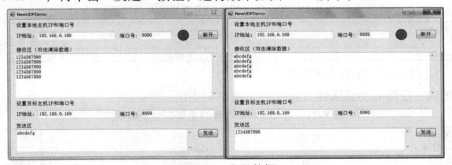

图 8-12　发送数据

8.6 项目1 基于TCP的LED控制服务器端软件设计

8.6.1 数据通信协议

LED控制服务器端软件发送数据到实验平台,分别控制每个LED的亮灭。
将LED按下列顺序排列,对应位置1,点亮对应的LED灯;对应位置0,熄灭对应的LED灯。
LEDR LEDG LEDB LED4 LED3 LED2 LED1
发送的数据可以看成是一个二进制数,组合成十进制的数,再发送到实验平台。
LED灯控制码的编码方式如表8-8所示。

表8-8 LED灯控制码的编码方式

LEDR	LEDG	LEDB	LED4	LED3	LED2	LED1
1	0	0	0	1	1	0

此表示LEDR、LED3、LED2这三个LED灯亮,其他的都是灭的。将这些数据换成十六进制数就是0x86。

8.6.2 界面设计

(1)软件界面设计
LEDTcpServer控制软件如图8-13所示。

(2)窗体属性设置(所有控件的Font属性设置为宋体小四号)

窗体的主要属性及属性值如表8-9所示。

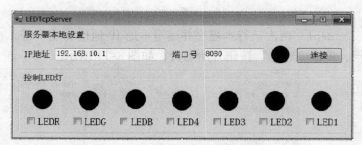

图8-13 LEDTcpServer控制软件

表8-9 窗体的主要属性及属性值

属性名称	属性值
name	frmLEDTcpServer
Text	LEDTcpServer

(3)TextBox控件的主要属性
TextBox控件的主要属性及属性值如表8-10所示。

表8-10 TextBox控件的主要属性及属性值

Name	Text	Enable	用途
txtLocalIP		True	输入本地IP地址
txtLocalPort		True	输入本地端口号

(4)OvalShape控件的主要属性
OvalShape控件的主要属性及属性值如表8-11所示。

表8-11 OvalShape控件的主要属性及属性值

Name	FillStyle	FillColor	用途
osLEDB	Solid	ControlText	RGB灯的B
osLEDG	Solid	ControlText	RGB灯的G
osLEDR	Solid	ControlText	RGB灯的R
osLED4	Solid	ControlText	LED4

(续)

Name	FillStyle	FillColor	用途
osLED3	Solid	ControlText	LED3
osLED2	Solid	ControlText	LED2
osLED1	Solid	ControlText	LED1

（5）CheckBox 控件的主要属性

CheckBox 控件的主要属性及属性值如表 8-12 所示。

表 8-12　CheckBox 控件的主要属性及属性值

Name	Text	Font	用途
chBoxLEDR	LEDR	宋体，小四号	RGB 灯的 B
chBoxLEDG	LEDG	宋体，小四号	RGB 灯的 G
chBoxLEDB	LEDB	宋体，小四号	RGB 灯的 R
chBoxLED4	LED4	宋体，小四号	LED4
chBoxLED3	LED3	宋体，小四号	LED3
chBoxLED2	LED2	宋体，小四号	LED2
chBoxLED1	LED1	宋体，小四号	LED1

8.6.3　功能实现代码

（1）定义成员变量

```
TcpListener _server = null;
Thread _thread = null;
TcpClient _client = null;    //停在这等待连接请求
IPEndPoint _ipendpoint = null;
int _port = 0;
bool _begin = false;
int[] _myCode = {0,0,0,0,0,0,0};
```

（2）btnConnect 的事件代码

```
if(btnConnect.Text == "连接")
{
    string serverName = txtLocalIP.Text.Trim();
    string portName = txtLocalPort.Text.Trim();
    btnConnect.Text = "断开";
    osStatus.FillColor = Color.Red;
    _port = int.Parse(portName);
    _server = new TcpListener(IPAddress.Parse(serverName), _port);
    _server.Start();
    _begin = true;
    _thread = new Thread(new ThreadStart(Start));
    _thread.Start();
}
else
{
    osStatus.FillColor = Color.Black;
    _begin = false;
    CloseServer();
    btnConnect.Text = "连接";
}
```

```csharp
private void Start()
{
    try
    {
        while (_begin)
        {
            if (_client == null)
            {
                _client = _server.AcceptTcpClient();
            }

            _ipendpoint = _client.Client.RemoteEndPoint as IPEndPoint;
            _stream = _client.GetStream();
        }
    }
    catch (Exception ex)
    {
        _thread.Abort();
        MessageBox.Show(ex.Message);
    }
}
```

(3) chBoxLEDR 的事件代码。

```csharp
private void chboxLEDR_CheckedChanged(object sender, EventArgs e)
{
    if (chboxLEDR.Checked)    //如果 LEDR 的复选框被勾选
    {
        _myCode[0] = 1;//_myCode 数组中的 0 号元素赋值为 1
        osLEDR.FillColor = Color.RED;//对应指示灯变为红色
    }
    else    //如果 LEDR 的复选框没有被勾选
    {
        _myCode[0] = 0;//_myCode 数组中的 0 号元素赋值为 0
        osLEDR.FillColor = Color.Black;//对应指示灯变为黑色
    }
    ControlLEDS();//调用 ControlLEDS 函数
}

private void ControlLEDS()    //LED 灯控制函数
{
    int ledData = 0;

    ledData = _myCode[0] * 64 + _myCode[1] * 32 + _myCode[2] * 16 + _myCode[3] * 8 + _myCode[4] * 4 + _myCode[5] * 2 + _myCode[6];

    byte[] buffer = {0};//每次只写一个数据
    buffer[0] = Convert.ToByte(ledData);//转换为十六进制数
    spData.Write(buffer, 0, 1);//向串口发送控制指令
}
```

其他的 CheckBox 事件仿照 chBoxLEDR 的事件代码。

8.6.4 功能测试

Step1　在另外一台计算机运行"360免费WiFi"软件,设置WiFi热点,如图8-14所示。
Step2　将计算机连接到WiFi热点上,查看计算机IP地址,如图8-15所示。

图 8-14　设置 WiFi 热点　　　　图 8-15　将计算机连接到 WiFi 热点

Step3　打开 LEDTcpServer 控制软件,进行相关配置后,单击"连接",如图 8-16 所示。
Step4　打开固件下载软件,将"STC12_LED_ClientOrUDP.hex"固件程序下载到实验平台中,如图 8-17 所示。

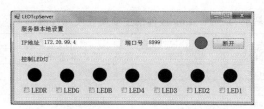 

图 8-16　运行 LEDTcpServer 控制软件　　　图 8-17　下载"STC12_LED_ClientOrUDP.hex"固件

Step5　打开实验平台工作模式配置软件"SetESP8266AsTcpClientOrUDP",填写图 8-18 所示参数(根据自己的网络填写),其中"远程服务器 IP 地址"和"远程服务器端口"两个参数必须与图 8-16 中的一样,否则不能成功,单击"配置"。

特别注意:观察实验平台右上角 5 个 LED 依次点亮且 5 个 LED 同时闪烁两次,才表示配置成功,否则不能正常使用实验平台。

Step6　在 LEDTcpServer 控制软件中,控制各个 LED,并观察实验平台中各 LED 的状态,如图 8-19 所示。

 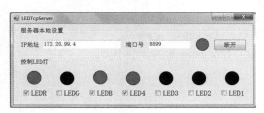

图 8-18　将实验平台配置为 TCP Client 模式　　　图 8-19　控制各个 LED

8.7 项目 2 基于 UDP 通信的电源数据采集软件设计

8.7.1 数据通信协议

将固件下到实验平台,并将实验平台配置为 UDP 模式,将不断上传格式为"x.xxVxxxmA"格式的数据,其中 V 左边的数据为电压值,mA 左边的数据为电流值。

8.7.2 界面设计

(1) 软件界面设计
电源采集软件界面如图 8-20 所示。

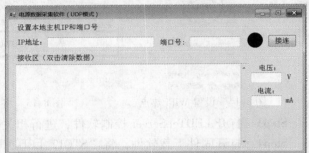

图 8-20 电压采集软件界面

(2) 窗体属性
窗体的主要属性见表 8-13。
(3) TextBox 控件的主要属性
TextBox 控件的主要属性如表 8-14 所示。

表 8-13 窗体的主要属性及属性值

属性名称	属性值
name	frmVoltageCollection
FormBorderStyle	fixedSingle
MaximizeBox	False
StartPosition	CenterScreen
Text	电压采集软件(UDP 模式)

表 8-14 TextBox 控件的主要属性及属性值

Name	Text	Enable	用途
txtLocalIP		True	输入本地 IP 地址
txtLocalPort		True	输入本地端口号
txtRecievedData		True	显示接收到的数据
txtVoltage		True	显示电压
txtCurrent		True	显示电流

另将 txtRecievedData 的 MultiLine 属性设置为 True,ScrollBars 属性设置为 Vertical。

(4) OvalShape 控件的主要属性
OvalShape 控件用于显示网络连接的状态,其主要属性设置如下。Name:osStatus;FillStyle:Solid;FillColor:ControlText。

(5) Button 控件的主要属性
Button 控件用于连接或断开网络,其主要属性设置如下。Name:btnConnect;Text:连接。

8.7.3 功能实现代码

(1) 定义成员变量
private UdpClient _receiveUdpClient = null;
private UdpClient _sendUdpClient = null;
private bool _isOpen = false;
Thread _threadReceive = null;

(2) btnConnect 的事件代码
try
{
    if(btnConnect.Text == "连接")
    {

```csharp
            string localIPName = txtLocalIP.Text;
            string localPort = txtLocalPort.Text;

            btnConnect.Text = "断开";
            IPAddress localIP = IPAddress.Parse(localIPName);
            IPEndPoint localIPEndPoint = new IPEndPoint(localIP, int.Parse(localPort));
            _receiveUdpClient = new UdpClient (localIPEndPoint);
            _sendUdpClient = _receiveUdpClient;
            _isOpen = true;  //打开网络端口
            osStatus.FillColor = Color.Red;
            _threadReceive = new Thread (ReceiveMessage);
            _threadReceive.Start ();  //打开线程
        }
        else
        {
            btnConnect.Text = "连接";

            if (_isOpen)
            {
                _threadReceive.Abort ();
                osStatus.FillColor = Color.Black;
                _receiveUdpClient.Close ();
                _isOpen = false;
            }
        }
    }
    catch (Exception ex)
    {
        MessageBox.Show (ex.Message);
    }
}

private void ReceiveMessage ()
{
    IPEndPoint remoteIPEndPoint = new IPEndPoint (IPAddress.Any, 0);

    while (true)
    {
        try
        {
            byte [] receiveBytes = _receiveUdpClient.Receive (ref remoteIPEndPoint);
            string message = Encoding.UTF7.GetString (receiveBytes, 0, receiveBytes.Length);
            txtVoltage.Text = (float.Parse (message.Substring (0, 4))).ToString ();
            txtCurrent.Text = (int.Parse (message.Substring (5, 3))).ToString ();
            this.txtRecievedData.Text += message + System.Environment.NewLine;
        }
```

```
        catch｛break；｝
    ｝
｝
```

（3）txtRecievedData_DoubleClick 事件代码
```
private void txtRecievedData_DoubleClick（object sender，EventArgs e）
｛
    txtRecievedData.Clear（）；
｝
```

8.7.4 功能测试

Step1　参考 8.6 内容，将计算机连接到 WiFi 热点或路由器上，得到计算机的 IP 地址。

Step2　运行本软件，按图 8-21 所示进行参数设置（其中 IP 地址是计算机的 IP 地址，端口号是一个 4 位的数字），单击"连接"按钮连接网络等待接收数据。

Step3　打开固件下载软件，将文件"STC12_AD_ClientOrUDP_5V0.hex"或"STC12_AD_ClientOrUDP_3V3.hex"下载到实验平台中。

Step4　打开实验平台工作模式配置软件"SetESP8266AsTcpClientOrUDP.exe"，填写图 8-22 所示参数（根据图 8-19 中数据填写），单击"配置"将实验平台配置成 UDP 模式，观察实验平台网络 LED 灯区的 LED1~LED5 依次点亮并同时闪烁 2 下，则表示实验平台配置成功。

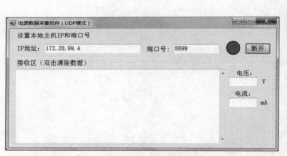

图 8-21　设置参数连接网络

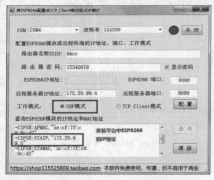

图 8-22　将实验平台配置成 UDP 模式

Step5　可以看到实验平台不断地上传数据到本软件中，旋转实验平台上的滑动变阻器，可以观察到电压电流值不断变化，测试效果如图 8-23 所示。

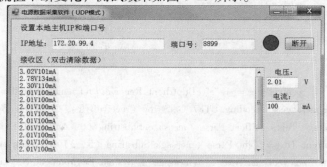

图 8-23　测试效果

8.8 项目3 基于 TCP Client 模式的温度湿度数据采集软件设计

8.8.1 数据通信协议

将固件下载到实验平台，并将实验平台配置为服务器模式，当有客户端以 TCP Client 模式连接到实验平台后，就不断上传格式为"Hxx.xxCxx.xx"格式的数据。

8.8.2 界面设计

（1）软件界面设计

温度湿度数据采集软件界面如图 8-24 所示。

（2）窗体属性

窗体的主要属性如表 8-15 所示。

图 8-24 温度、湿度采集软件界面

表 8-15 窗体的主要属性及属性值

属性名称	属性值
name	frmDHT1VoltageCollection
FormBorderStyle	fixedSingle
MaximizeBox	False
StartPosition	CenterScreen
Text	温度、湿度采集软件（Client 模式）

（3）TextBox 控件的主要属性

TextBox 控件的主要属性如表 8-16 所示。

表 8-16 TextBox 控件的主要属性及属性值

Name	Text	Enable	用途
txtLocalIP		True	输入本地 IP 地址
txtLocalPort		True	输入本地端口号
txtRecievedData		True	显示接收到的数据
txtTemperature		True	显示温度
txtHumidity		True	显示湿度

另将 txtRecievedData 的 MultiLine 属性设置为 True，ScrollBars 属性设置为 Vertical。

（4）OvalShape 控件的主要属性

OvalShape 控件用于显示网络连接的状态，其主要属性设置如下，Name：osStatus；FillStyle：Solid；FillColor：ControlText。

（5）Button 控件的主要属性

Button 控件用于连接或断开网络，其主要属性设置如下，Name：btnConnect；Text：连接。

8.8.3 功能实现代码

（1）定义成员变量

TcpClient _tcpClient = null;

NetworkStream _ntwStream = null;

Thread _thrListener = null;

(2) btnConnect 的事件代码

```
private void btnConnect_Click (object sender, EventArgs e)
{
    if (btnConnect.Text = = "连接")
    {
        string portNumber = txtRemotePort.Text.Trim();

        try
        {
            _tcpClient = new TcpClient(txtRemoteIP.Text, int.Parse(portNumber));
            _ntwStream = _tcpClient.GetStream();
            _thrListener = new Thread(new ThreadStart(ReadDataFromNetWork));
            _thrListener.Start();
            osStatus.FillColor = Color.Red;
            btnConnect.Text = "关闭";
        }
        catch (Exception ex)
        {
            _ntwStream.Close();
            _tcpClient.Close();
            _thrListener.Abort();
            osStatus.FillColor = Color.Black;
            MessageBox.Show(ex.Message);
            return;
        }
    }
    else
    {
        _ntwStream.Close();
        _tcpClient.Close();
        _thrListener.Abort();
        osStatus.FillColor = Color.Black;
        btnConnect.Text = "连接";
    }
}

private void ReadDataFromNetWork()
{
    while (true)
    {
        byte[] bytes = new Byte[1024];
        string data = string.Empty;
        int length = _ntwStream.Read(bytes, 0, bytes.Length);
```

```
        if ( length > 0 )
        {
            data = Encoding. Default. GetString( bytes ,0 , length ) ;
            txtTemperature. Text = float. Parse( data. Substring( 0 ,4 ) ). ToString( ) ;
            txtHumidity. Text = int. Parse( data. Substring( 5 ,3 ) ). ToString( ) ;
            txtRecieveData. Text + = data + " \r\n";
        }
    }
```

（3）txtRecievedData_DoubleClick 事件代码

```
private void txtRecievedData_DoubleClick( object sender , EventArgs e )
{
    txtRecievedData. Clear( ) ;
}
```

8.8.4 功能测试

Step1　将实验平台连接到计算机上，将固件"STC12C_DHT11_Server. hex"下载到 STC 实验平台中。运行 SetESP8266AsTCPServer-STC12. exe 软件，进行串口通信参数配置，打开串口，再输入图 8-25 所示的 IP 地址和端口号，单击"配置"对实验平台进行配置，将实验平台配置为服务器模式。

Step2　单击"配置"后，观察实验平台网络 LED 灯区的 LED1 ~ LED5 依次点亮并同时闪烁两下，则表示实验平台配置成功，此时实验平台工作于路由器模式，将计算机连接到实验平台上，如图 8-26 所示。

图 8-25　设置参数连接网络

Step3　在计算机中运行本软件，参考图 8-23 中 IP 地址及端口设置，按图 8-27 进行 IP 地址和端口号配置，点出连接，就能看到上传采集到的温度、湿度值。

图 8-26　将计算机连接到实验平台

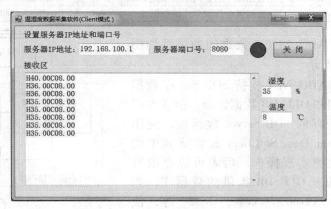

图 8-27　配置 IP 地址和端口号

171

第 9 章　C#中的数据库编程

在大型智能电子系统的数据采集与控制软件设计中，常常会将采集到的数据保存到数据库中，便于日后进行数据分析。最常见的数据库有 Oracle、SQL Server、MySQL、Access 等。考虑到主要的操作数据库语句相同、数据库安装及数据库管理难度等因素，因此，在本书中只学习使用 C#语言访问 Access 数据库，若使用其他数据库软件，请查阅相关资料。

Access 数据存在于 Office 安装包中，在默认情况下没有安装，所以必须先使用 Office 安装包安装 Access 数据库管理软件。

本章的主要内容有：
1）ADO.NET 中用于操作数据库的类。
2）常用的数据库操作语句。
3）数据库存编程项目实战。

9.1　ADO.NET 概述

ADO.NET 是改进的 ADO 数据访问模型用于开发可扩展应用程序，是专门为可伸缩性、无状态和 XML 核心的 Web 而设计的。

ADO.NET 使用了 Connection、Command、DataSet、DataReader 和 DataAdapter 等对象操作数据库，其中 Connection、Command、DataReader 和 DataAdapter 为 ADO.NET 的 4 个核心组件，其主要作用如表 9-1 所示。

表 9-1　核心组件及其主要作用

对象	说明	特点
Connection	建立于特定数据库的连接	可以自己创建，也可由其他对象自动产生（如 DataAdapter）
Command	对数据源执行命令	透过 Connection 对象来下达命令，Connection 的指向决定操作对象
DataAdapter	用数据源中的查询结果填充 DataSet 对象	DataAdapter 填充到 DataSet 中的是断开连接的脱机数据
DataReader	从数据源中读取只读的数据流	DataReader 读取数据必须在维持数据库连接的前提下进行

ADO.NET 对象之间的关系如图 9-1 所示。

ADO.NET 支持 SQL Server 数据访问和 OLE DB 数据访问。前者专门用于存取 SQL Server 数据库，使用 System.Data.SqlClient 命名空间中的相关类实现操作；后者可以存取所有基于 OLE DB 提供的数据库，如 SQL Server、Access、Oracle 等，使用 System.Data.OleDb 命名空间里的

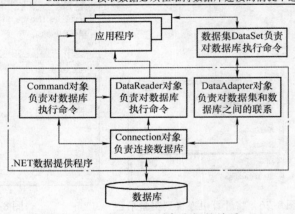

图 9-1　ADO.NET 对象之间的关系

相关类实现操作。用于对这两种数据访问的具体类如表 9-2 所示。

DataSet 对象是独立的，不同于任何的数据存储，能够作为独立的实体，可以将 DataSet 理解为总是断开连接对它包含的数据源和目标一无所知的记录集，DataSet 就像一个数据库，有表、列、关系、约束、视图等。

表 9-2 访问不同数据库的类

类	SQL 类	OLE DB 类
Connection	SqlConnection	OleDbConnection
Command	SqlCommand	OleDbCommand
DataAdapter	SqlDataAdapter	OleDbDataAdapter
DataReader	SqlDataReader	OleDbDataReader

DataAdapter 提供了在 DataSet 和数据源之间用于检索和保存数据的桥梁，是通过对数据存储请求正确的 SQL 指令实现的。

在一般的应用场合中，可以使用 Connection、Command、DataReader 这 3 个对象完成对数据库的操作。

9.2　OleDbConnection 类

OleDbConnection 类是用于连接 Access 数据库的类，其主要方法如表 9-3 所示，其主要属性如表 9-4 所示。

表 9-3　OleDbConnection 类的主要方法

方法名称	作用
OleDbConnection（）	不带参数的构造函数，用于创建 OleDbConnection 对象
OleDbConnection（string connectionstring）	一个根据连接字符串创建 OleDbConnection 对象的构造函数
CreateCommand（）	得到一个 Command 对象
Open（）	用于打开数据库连接，无参无返回值
Close（）	用于关闭数据库连接，无参无返回值

表 9-4　OleDbConnection 类的主要属性

属性名称	作用
ConnectionString	获取或设置用于打开数据库的字符串，其格式为 Provider = Microsoft. Jet. OLEDB. 4. 0；Data Source = Access 数据库；UserId = 用户名；Password = 密码；
State	用于判断 Connection 连接的状态，其值为 ConnectionState. Close 或 ConnectionState. Open（）

如：
string connectionString = " Provider = Microsoft. Jet. OLEDB. 4. 0; data source =
" + Application. StartupPath + " \\StudentInfor. mdb" ;
_connection = new OleDbConnection(connectionString) ;
_connection. Open( ) ;

9.3　OleDbCommand 类

OleDbCommand 类的对象主要用于执行 SQL 语句，可以查询数据和修改数据，该对象一般是由 Connection 的对象创建的。

OleDbCommand 的对象有一个重要的属性：CommandText，该属性用于指定要执行操作的 SQL 语句，OleDbCommand 对象的主要方法如表 9-5 所示。

表9-5 OleDbCommand 对象的主要方法

方法名称	作用
ExecuteNoQuery()	用于执行增、删、改 SQL 操作语句，返回值类型 integer，表示操作影响的行数
ExecuteReader()	返回一个只读的数据集（OleDbDataReader），常用于做查询操作

如：
_command = _connection.CreateCommand();
string strSql = "insert into student(name,age) values('张三',20)";
_command.CommandText = strSql;
_command.ExecuteNonQuery();

9.4 OleDbDataReader 类

OleDbDataReader 对象用于逐行从数据源中读取数据，其主要属性如表 9-6 所示，其主要方法如表 9-7 所示。

表 9-6 OleDbDataReader 对象的主要属性

属性名称	作用
Fieldcount	取得当前记录的字段数

表 9-7 OleDbDataReader 对象的主要方法

方法名称	作用
Getname(i)	取得指定下标 i 字段（列）的名称
Getvalue(i)	取得指定下标 i 字段（列）的内容
Read()	读入下一条记录
Close()	关闭 DataReader 对象

如：
string strSql = "select name,age from student";
_command.CommandText = strSql;
OleDbDataReader _reader = _command.ExecuteReader();

while(_reader.Read())
{
    Console.WriteLine(_reader.GetValue(0).ToString());
    Console.WriteLine(_reader.GetValue(1).ToString());
}

9.5 常用的数据库操作语句

对数据库的操作主要有：添加数据、删除数据、查询数据及更新数据。

本节所有操作针对 student 表，假设表的结构如图 9-2 所示。

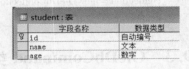

图 9-2 student 表结构

9.5.1 添加数据（insert into）

使用 insert into 语句给表格中插入一行新的数据，insert into 语句有多种形式，常用的形式有：

（1）不指定列名

该方法不指定表格的列名，其语法为：
INSERT INTO 表名 VALUES（值1，值2，…）。
如：insert into student values（"张三"，20）；
特别注意：自动编号不能指定数据。
（2）指定列名
当数据表中有某些列有默认值时，此时可以指定列名法添加数据，其语法为：
INSERT INTO table_name（列1，列2，…）VALUES（值1，值2，…）。
如：insert into student（name，age）values（"张三"，30）；

9.5.2 删除数据（delete）

使用 delete 语句从表中删除一行或多行语句，delete 语句常用的形式有以下几种。
（1）无条件删除
无条件删除将删除数据表中所有的数据，但表的结构和关系等信息都是存在的，其语句为：
DELETE FROM 表名；
或 DELETE * FROM 表名。
如：delete * from student。
（2）条件删除
从数据表中删除满足条件的数据行（一行或是多行），其语法为：
DELETE FROM 表名 WHERE 列名称 = 值。
如：delete from student where age >=20；//删除所有 age 大于 20（含 20）的行。

9.5.3 更新数据（update）

使用 update 语句在表中更新一行或多行语句，update 语句的语法为：
UPDATE 表名 SET 列名称 = 新值 WHERE 列名称 = 某值。
如：UPDATE student SET age = 35 WHERE name = '张三'；//将张三的年龄改成 35。

9.5.4 选择语句（select）

使用 select 语句在表中实现各种条件的查询，select 语句是最复杂的数据库操作语句，可以对单表进行查询，也可以在多个表之间进行联合查询。本书只学习一些用于单个表格的简单的 select 语句。
（1）查询所有列
查询所有列的语法为：
select * from 表名。
如：SELECT * FROM student；//查询所有行所有列的信息，即整个表的信息。
（2）查询指定列
查询指定列的语法为：
select 列名1，列名2，…，列名 N from 表名。
如：select name，age from student；//从 student 表中读取列名为 name 和 age 的所有行数据。
（3）查询指定行
查询指定行的语法为：
select * from 表名 where 条件。

如：select * from student where age >20；//查找所有 age 大于 20 的学生信息。

（4）使用 like 操作符（％，_）

％表示一个或多个字符，_ 表示一个字符，[charlist] 表示字符列中的任何单一字符，[^charlist] 或者 [！charlist] 不在字符列中的任何单一字符。

如：SELECT * FROM student WHERE name like '张_ '；//查找只有两个字且第一个字为张的所有信息。

又如：SELECT * FROM student WHERE name like '张％'；//查找第一个字为张的所有信息。

（5）使用 in 操作符

在 where 条件中使用 in 的语法为：

select * from 表名 where 列名 in（值1，值2，...，值N）；

如：select * from student where name in ('张', '李', '王')；//从 student 表中查找所有张、李、王这三姓氏的人的信息。

（6）使用逻辑操作符号

使用逻辑操作符号的语法为：

select * from 表名 where 由逻辑操作符组成的条件。

如：select * from student where age > =20 and age < =20；//查找所有 age 在 20 到 30 之间的学生的信息。

（7）结果按字段的值进行排序

按序查询的语法为：

select * from 表名 order by 列名；//默认为升序查询

或 select * from 表名 order by 列名 desc；//按降序查询

如：select * from student order by age；//将查询结果按 age 列且升序查询排列。

又如：select * from student order by age；//将查询结果按 age 列且降序查询排列。

9.6 数据库编程项目实践

9.6.1 项目需求

设计一个软件，将学生信息数据添加到 Access 数据库中，再通过"查询"，将添加到数据库中的所有数据放在 ListView 控件中显示。

9.6.2 界面设计

将工程名称取为 WFAStudentAccess，将窗体所在的 .cs 文件名改为 frmStudentAccess.cs，将窗体的 Text 属性设置为"学生信息数据库软件"，StartPosition 属性设置为 CenterScreen，将边框属性设置为 FixedSingle，禁止最大化按钮，具体界面如图 9-3 所示。

图 9-3 学生信息数据库软件界面

从工具栏中添加两个组合框，将 Text 属性分别设置为添加"添加学生信息"和"查询学生信息"，将 Name 属性分别设置为 gboxAdd 和 gboxRequire，将字体属性设置为"宋体小四号"；再添加 1 个 Listview 控件、2 个 Label 控件、2 个 TextBox 控件、2 个 Button 控件到窗体中，这些控件的相关属性设置如表 9-8 所示。

表 9-8 控件相关属性设置

控件类型	属性名	属性值
Lable	Name	lblName
	Text	姓名
Lable	Name	lblAge
	Text	年 龄
TextBox	Name	txtName
	Text	
TextBox	Name	txtAge
	Text	
Button	Name	btnAdd
	Text	添加
Button	Name	btnRequire
	Text	查询
ListView	Name	lvStudent
	View	Details
	GridLines	True
	Scrollable	True

9.6.3 功能实现与测试

（1）新建 Access 数据库

编译工程并在工程的 bin 目录中新建 Access 数据库 StudentInfor.mdb，在数据库中数据表 student 如图 9-3 所示。

（2）添加数据库操作对象

添加 OleDbConnection、OleDbCommand 两个类的成员变量。

private OleDbConnection_connection;

private OleDbCommand_command;

（3）给窗体添加如下加载事件代码

string connectionString = " Provider = Microsoft. Jet. OLEDB. 4.0;data source = " + Application. StartupPath + "\\StudentInfor. mdb";

_connection = new OleDbConnection(connectionString) ;

_connection. Open( ) ;

_command = _connection. CreateCommand( ) ;

（4）给"添加"按钮添加如下事件代码

string name = txtName. Text. Trim( ) ;

string strAge = txtAge. Text. Trim( ) ;

int age = 0;

if (name. Length = = 0)

{

```
        MessageBox.Show("请输入姓名信息","警告",MessageBoxButtons.OK,MessageBoxIcon.Warning);
        txtName.Focus();
        return;
    }
    try
    {
        age = int.Parse(strAge);
    }
    catch
    {
        MessageBox.Show("年龄应该填写且是数字","警告",MessageBoxButtons.OK,MessageBoxIcon.Warning);
        txtAge.Focus();
        return;
    }
    string strSql = "insert into student (name,age) values ('" + name + "'," + age + ")";
    _command.CommandText = strSql;
    _command.ExecuteNonQuery();

    txtAge.Clear();
    txtName.Clear();
    txtName.Focus();
```

(5) 给"查询"按钮添加如下事件代码

```
    lvStudent.Clear();
    lvStudent.Columns.Add("姓名",150,HorizontalAlignment.Center);
    lvStudent.Columns.Add("年龄",150,HorizontalAlignment.Center);
    string strSql = "select name,age from student";
    _command.CommandText = strSql;
    OleDbDataReader reader = _command.ExecuteReader();

    while(reader.Read())
    {
        ListViewItem lvi = new ListViewItem();
        lvi.Text = reader.GetValue(0).ToString();
        lvi.SubItems.Add( reader.GetValue (1).ToString());
        lvStudent.Items.Add(lvi);
    }
```

运行效果如图9-4所示。

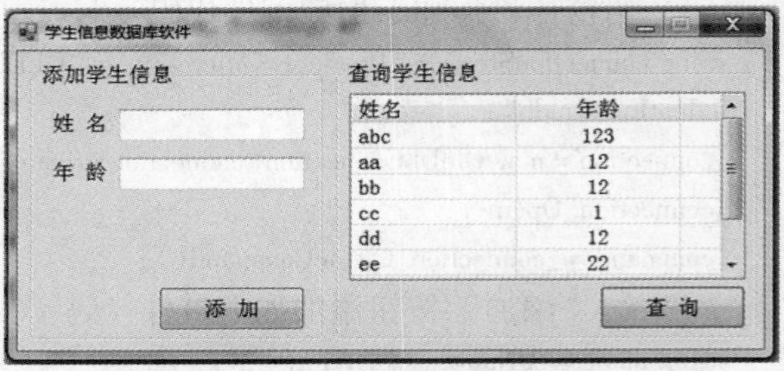

图9-4 学生信息数据库软件运行效果

9.7 项目总结

本项目只介绍了用于数据库操作的三个类OleDbConnection、OleDbCommand、OleDbDataReader，这三个类可以完成数据库的一般性读取、插入、删除、更新操作。更为复杂的数据库操作方法，还需要使用 DataAdapter 和 DataSet 类，这两个类的具体使用方法请读者自己查阅相关资料。

9.8 总结

1）本文介绍了用于数据库操作的相关类，重点是各种类的相关主要属性和方法。

2）本文介绍了用于数据库操作的相关常用 SQL 语句，重点是各种 SQL 语句的含义，其中最为复杂的是 select 语句，可以用于单表查询，也可以用于多表查询，本书只介绍了用于单表的简单查询语句，更为复杂的 select 语句请参考相关书籍。

第 10 章 综合项目实践

通过前几章的学习，已掌握了 C#的基本语法、面向对象编程思想、文本文件操作、窗体式应用程序设计、串口通信程序设计、网络程序设计、数据库程序设计等内容，本章将综合应用这些知识进行综合项目开发，并添加了一些实际项目开发中的常用技术。

本章的主要内容有：

1）使用 Chart 控件以曲线的形式显示数据，并将数据保存到文本文件中。

2）使用 Chart 控件以曲线的形式显示数据，并将数据保存到 Excel 文件中，利用 Excel 的强大功能进行各种形式的数据分析。

3）使用 Chart 控件以曲线的形式显示数据，并将数据保存到 Access 数据库中。

10.1 综合项目 1 使用曲线图显示电压电流数据（网络通信 UDP 版）

10.1.1 项目要求

对 8.7 节项目 2 进行改进，要求在该项目的基础上使用 Chart 控件将采集到的电压、电流值以曲线的形式显示，数据保存到文本文件中。

设计图 10-1 所示的运行界面。

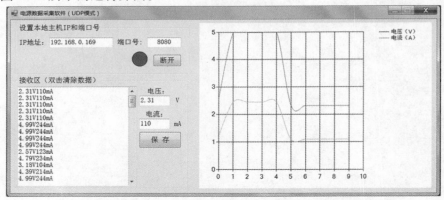

图 10-1 综合项目 1 的运行界面

10.1.2 Chart 控件简介

Chart 图表控件功能比较强大，可以支持各种各样的图形显示，常见的有点状图、柱状图、曲线图、面积图、排列图等，同时也支持 3D 样式的图表显示。

Chart 图表控件主要由以下几个部分组成。

1）Annotations——图形注解集合。

2）ChartAreas——图表区域集合。

3）Legeds——图例集合。

4) Series——图表序列的集合。

5) Titles——图表的标题集合。

在一般的应用中，只需要掌握 Axis 集合、ChartAreas 和集合 Series 的相关应用即可。

10.1.3 集合 Axis

集合 Axis 是集合 ChartAreas 的一个属性，通过设计集合 Axis 的相关属性，可以美化图表。

集合 Axis 共有 X axis、Y（Value）axis、Secondary X axis、Secondary Y（Value）axis 四个成员，通过设置这四个成员的相关属性，就可以美化图表的形状。在一般应用场合中，重点关心 X axis、Y（Value）axis 这两个成员，这两个成员的主要属性相同，内容如下。

（1）LineWidth 属性

该属性用于设置 x 坐标轴的粗细。

（2）Maximum 属性

该属性用于设置显示在坐标轴上的最大值。

（3）Minimun 属性

该属性用于设置显示在坐标轴上的最小值。

（4）MajorGrid 属性

该属性用于设置显示在图表上风格的样式，主要的样式如图 10-2 所示。

图 10-2　MajorGrid 属性的 LineDashStyle 属性取值范围

10.1.4 集合 Series 的相关属性

集合 Series 是 Chart 控件的一个集合，它有很多属性，常用的属性如下。

（1）Name 属性

Name 属性用于显示在图表中的曲线标注，如图 10-1 中的"电压""电流"。

（2）ChartType 属性

ChartType 属性用于设置图形样式，该属性共有 11 种，本书只使用 Spline（曲线）样式，如图 10-3 所示。

（3）BorderWidth 属性

BorderWidth 属性用于设置曲线的粗细程度。

（4）BorderDashStyle 属性

BorderDashStyle 属性用于设置曲线的样式，有"点""虚线"等样式，具体如图 10-4 所示。

（5）Color 属性

Color 属性用于设置曲线的颜色。

图 10-3　ChartType 属性值

图 10-4　BorderDashStyle 属性

（6）Points 属性

图表上的点集是由一个一个的点（Point）构成的，Points 属性用于设置显示在图表上的点集合。

10.1.5　集合 Points 的相关方法

Points 集合也有许多方法和属性，但在一般的应用中，只需要关注 Points 集合的以下常用方法。

（1）DataBindXY（）方法

DataBindXY（）方法被重载的形式有两种，其中最重要的形式是：

public void DataBindXY（IEnumerable xValue，params IEnumerable［］yValues），用于设置要曲线各点的 x 轴和 y 轴坐标值。

其中参数：

1）xValue：将提供的数据点 X 值的数据源。

2）yValues：以逗号分隔列表的值的 DataPoint 对象添加到集合。

（2）DataBindY（）方法

DataBindY（）方法被重载的形式有两种，其中最重要的形式是：

public void DataBindY（params IEnumerable［］yValue），用于设置要显示的点的 y 轴坐标值，而 x 坐标值自动从 1 开始。

参数 yValue：System.Collections.IEnumerable［］列出了 IEnumerable ＜T＞ 数据源，由一个或多个逗号分隔列表。

（3）AddXY（）方法

AddXY（）方法被重载的形式有两种，其中最重要的形式是：

public int AddXY（double xValue，double yValue），用于设置点的 x 轴、y 轴的坐标值。

（4）AddY（）方法

AddY（）方法被重载的形式有两种，其中最重要的形式是：

public int AddY（double yValue），用于设置点的 y 轴坐标值，而 x 轴坐标值自动从 1 开始添加。

（5）Clear（）方法

删除图表中的所有点。

10.1.6 设计界面

在8.7.2节界面的基础上添加一个Button控件、一个SaveFileDialog控件、一个Chart控件，实现将数据保存到文本文件中，并以曲线形式显示数据功能。

1) 将Button控件的Name属性设置为btnSave，Text属性设置为"保存"。

2) 将SaveFileDialog控件的Name属性设置为sfdFile，Filter属性设置为"文本文件（*.txt）|*.txt"。

3) 在Chart控件中添加两个series集合，将series[0]的Name属性设置为"电压"，将series[1]的Name属性设置为"电流"，将两个series集合的ChartType属性均设置为Spline（曲线）形式，其他属性保存默认值。

软件界面如图10-1所示。

10.1.7 功能实现与测试

本项目的数据接收、解析及保存请参考以前的内容，此处重点讲解如何实现用曲线显示数据。

功能实现的编程思想是：将接收解析好的数据放在电压、电流数组中，将这两个数组添加到Chart中，具体实现代码如下。

（1）定义成员

```
private UdpClient _receiveUdpClient = null;
private UdpClient _sendUdpClient = null;
private bool _isOpen = false;
Thread _threadReceive = null;
double[] _vo;
double[] _cur;
```

（2）添加窗体加载代码

在FormVoltageCollection_Load()事件方法中添加如下代码：

```
_vo = new double[10];
_cur = new double[10];
chartCollection.ChartAreas[0].AxisX.Maximum = 10;//设定x轴的最大值
chartCollection.ChartAreas[0].AxisY.Maximum = 5;//设定y轴的最大值
chartCollection.ChartAreas[0].AxisX.Minimum = 0;//设定x轴的最小值
chartCollection.ChartAreas[0].AxisY.Minimum = 0;//设定y轴的最小值
```

（3）自定义添加数据、移动数据方法

```
void InsertIntoArray(float v,float c)
{//总是将最新数据添加到数据的最右边,使曲线看起来像示波器的显示一样
    for(int i=1; i<10; i++)
    {
        _vo[i-1] = _vo[i];
        _cur[i-1] = _cur[i];
    }

    _vo[9] = v;
    _cur[9] = c/100;
    chartCollection.Series[0].Points.DataBindY(_vo);
```

```
            chartCollection.Series[1].Points.DataBindY(_cur);
        }
```
(4) 修改项目 8.7 中的 ReceiveMessage() 方法体内容
```
IPEndPoint remoteIPEndPoint = new IPEndPoint(IPAddress.Any,0);

while(true)
{
    try
    {
        float voltage = 0.0f;
        float current = 0.0f;
        //关闭 receiveUdpClient 时此句会产生异常
        byte[] receiveBytes = _receiveUdpClient.Receive(ref remoteIPEndPoint);
        string message = Encoding.UTF7.GetString(receiveBytes,0,receiveBytes.Length);
        voltage = float.Parse(message.Substring(0,4));
        current = int.Parse(message.Substring(5,3));
        InsertIntoArray(voltage,current);
        txtVoltage.Text = voltage.ToString();
        txtCurrent.Text = current.ToString();
        this.txtRecievedData.Text = message + " \r\n" + txtRecievedData.Text ;
    }
    catch
    {
        break;//出现异常就退出
    }
}
```

(5) 保存数据

将接收区的数据保存到文本文件中，具体代码请参考第 6 章的 6.5 节相关内容，使用 StrreamWriter 类实现保存数据功能，具体代码略。

(6) 测试

参考 8.7 节项目 2 的测试方法下载固件文件 "STC12_ AD_ ClientOrUDP_ 5V0.hex" 或 "STC12_ AD_ ClientOrUDP_ 3V3.hex"，对实验平台进行相关配置，按图 10-1 所示进行相关配置，单击"连接"按钮，就可以得到图 10-1 的效果，不断旋转滑动变阻器，观察上传的数据及曲线图形。

10.1.8 项目总结

本项目使用 Chart 控件实现数据的图形化显示，Chart 控件是一个很复杂的控件，本书只介绍了与曲线显示相关的最常用的集合及属性。关于更丰富的使用方法，请读者自己通过"百度"等搜索引擎或参考书籍查阅相关资料。

10.2 综合项目 2 使用曲线图显示电压电流数据（串口通信版）

10.2.1 项目要求

在 7.3.2 节界面的基础上添加一个 Button 控件、一个 SaveFileDialog 控件及一个 Chart 控件，并去掉不需要的其他控件，软件界面如图 10-5 所示。要求实现将数据保存到文本文件中，并以曲线形式显示数据功能。

1）将 Button 控件的 Name 属性设置为 btnSave，Text 属性设置为"保存"。

2）将 SaveFileDialog 控件的 Name 属性设置为 sfdFile，Filter 属性设置为"文本文件(*.txt) | *.txt"。

3）在 Chart 控件中添加两个 Series 集合，将 series［0］的 Name 属性设置为"电压"，将 series［1］的 Name 属性设置为"电流"，将两个 series 集合的 ChartType 属性均设置为 Spline（曲线）形式，其他属性保存默认值。

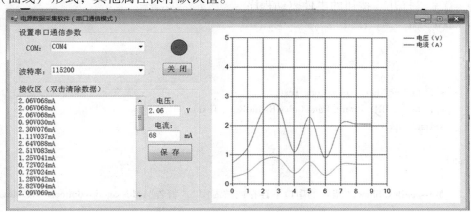

图 10-5　综合项目 2 的运行界面

10.2.2　功能实现与测试

本项目的数据接收、解析及保存请参考以前的内容，此处重点讲解如何实现用曲线显示数据。

功能实现的编程思想是：将接收解析好的数据放在电压、电流数组中，将这两个数组添加到 Chart 中。具体实现代码如下。

（1）定义成员

```
private bool _isOpen = false;
double[ ]_vo;
double[ ]_cur;
ArrayList_list = null;
```

（2）添加窗体加载代码

在 FormVoltageCollection_ Load（）事件方法中添加如下代码。

```
_vo = new double[10];
_cur = new double[10];
chartCollection.ChartAreas[0].AxisX.Maximum = 10;//设定 x 轴的最大值
chartCollection.ChartAreas[0].AxisY.Maximum = 5;//设定 y 轴的最大值
chartCollection.ChartAreas[0].AxisX.Minimum = 0;//设定 x 轴的最小值
chartCollection.ChartAreas[0].AxisY.Minimum = 0;//设定 y 轴的最小值

for（int i = 1; i < 100; i + +）
{
```

```
        cboxCom. Items. Add("COM" + i);
    }
    cboxCom. Text = "COM1";

    cboxBaundRate. Items. Add("4800");
    cboxBaundRate. Items. Add("9600");
    cboxBaundRate. Items. Add("115200");
    cboxBaundRate. Text = "115200";
```
(3) 编写"打开"按钮的事件驱动程序
```
    if (btnOpen. Text = = "打开")
    {
        try
        {
            spData. PortName = cboxCom. Text;
            spData. BaudRate = int. Parse(cboxBaundRate. Text);
            spData. Open();
        }
        catch
        {
            MessageBox. Show("指定的串口不存在或被占用","警告",MessageBoxButtons. OK,MessageBoxIcon. Error);
            return;
        }
        btnOpen. Text = "关闭";
        osStatus. FillColor = Color. Red;
        gboxRecieve. Enabled = true;
    }
    else
    {
        btnOpen. Text = "打开";
        osStatus. FillColor = Color. Black;
        gboxRecieve. Enabled = false;
    }
```
(4) 自定义添加数据、移动数据方法
```
    void InsertIntoArray(float v,float c)
    {//总是将最新数据添加到数据的最右边,使曲线看起来像示波器的显示一样
        for (int i = 1; i < 10; i + +)
        {
            _vo[i - 1] = _vo[i];
            _cur[i - 1] = _cur[i];
        }

        _vo[9] = v;
        _cur[9] = c/100;
        chartCollection. Series[0]. Points. DataBindY(_vo);
```

```
chartCollection.Series[1].Points.DataBindY(_cur);
}
```
(5) 编写串口接收程序

编写 private void spData_DataReceived() 程序：
```
float voltage = 0.0f;
float current = 0.0f;

string message = spData.ReadExisting();
_list.Add(message);//将未解析的添加到列表中
voltage = float.Parse(message.Substring(0,4));
current = int.Parse(message.Substring(5,3));
InsertIntoArray(voltage,current);
txtVoltage.Text = voltage.ToString();
txtCurrent.Text = current.ToString();
this.txtRecievedData.Text = message + System.Environment.NewLine + txtRecievedData.Text;
```
(6) 保存数据

将接收区的数据保存到文本文件中，具体代码请参考第6章的6.5.9节相关内容，使用 StrreamWriter 类实现保存数据功能，具体代码略。

(7) 测试

下载固件文件"STC12C_AD_UART_5V0_NO.hex"或"STC12C_AD_UART_3V3_NO.hex"，不断旋转滑动变阻器，观察上传的数据及曲线图形，可得到图10-5的效果。

10.3 综合项目3 将电压电流数据添加到 Excel 文件中

10.3.1 项目要求

在10.1节的项目1或10.2节的项目2的基础上进行改进，要求在该项目的基础上引入 Microsoft.Office.Interop.Excel，将数据保存到 Excel 文件中，界面如图10-1所示。

10.3.2 命名空间 Microsoft.Office.Interop.Excel 简介

命名空间 Microsoft.Office.Interop.Excel（位于 Microsoft.Office.Interop.Excel.dll 中），它的默认路径是 C:\Program Files\Microsoft Visual Studio 8.0\Visual Studio Tools for Office\PIA\Office12\Microsoft.Office.Interop.Excel.dll，该命名空间下包含了一些专门用于操作 Excel 文件的类。

(1) ApplicationClass 类

ApplicationClass 类是指 Microsoft Office 中的 Excel 应用程序。

(2) Workbook 类

Workbook 类是指 Excel 文件，通过使用 Workbooks 类对 Excel 文件进行操作。

(3) Worksheet 类

Worksheet 类是指 Excel 文件中 sheet 页，通过 Worksheet 类的 Cells 属性可以访问表格中的每个单元，如 Worksheet.Cells[row, column]，就是指某行某列的单元格下标 row 和 column 都是从1开始的。

10.3.3 功能实现与测试

在综合项目 1 或 10.2 节的项目 2 的基础上修改源程序，功能的编程基本思想是：将采集到的数据保存到 ArrayList 对象中，单击"保存"按钮时，将 ArrayList 中的数据解析出来，保存到 Excel 文件中的第 1 列和第 2 列中。

（1）添加引用 Microsoft. Office. Interop. Excel
添加该引用的方法如图 10-6 所示。

图 10-6 添加 Microsoft. Office. Interop. Excel 的方法

（2）添加相关命名空间
using Excel = Microsoft. Office. Interop. Excel；
using System. Diagnostics；
using System. Runtime. InteropServices；
using System. Reflection；
using System. Collections；

（3）添加新的成员
ArrayList_list = null；

（4）初始化新的成员
在 FormVoltageCollection_Load（）事件方法中初始化_list 成员
_list = new ArrayList（）；

（5）给新成员添加数据
在 ReceiveMessage（）方法中将采集到的数据添加到_list 成员中
_list. Add（message）；//将未解析的添加到列表中

（6）编写"保存"按钮的功能代码
在 btnSave_Click（）方法中添加如下代码：
string filePath = " "；

if（sfdFile. ShowDialog（）== DialogResult. OK）//选择要保存的文件
{
    filePath = sfdFile. FileName；

    try
    {
        Excel. Workbook book = null；
        Excel. Worksheet sheet = null；///指定工作表名
        //实例化 excel 对象
        Excel. Application excel = new Excel. Application（）；excel. Visible = false；///设置不可见
        //指定存在的 excel，参数为路径名

```
        book = excel. Application. Workbooks. Open( filePath, Missing. Value, Missing. Value, Missing. Value,
Missing. Value, Missing. Value, Missing. Value, Missing. Value, Missing. Value, Missing. Value, Miss-
ing. Value, Missing. Value);
            sheet = ( Excel. Worksheet) book. Sheets[ "Sheet1" ];

            for ( int i = 0; i < _list. Count; i + + )///写入数据
            {//EXcel 单元格,单元格的行列索引不是从 0 开始的,而是从 1 开始的,
                string content = _list[ i]. ToString( );//取出数据
                sheet. Cells[ i + 1,1] = content. Substring(0,4);//解析数据
                sheet. Cells[ i + 1,2] = content. Substring(5,3);//解析数据
            }

            book. Save( );//保存数据
            sheet = null;
            book = null;
            excel. Quit( );
            excel = null;
            MessageBox. Show( "保存成功");///提示成功
        }
        catch ( Exception ex )
        {
            MessageBox. Show( ex. Message);
        }
    }
```

（7）测试

测试方法与综合项目 1 或 10.2 节的项目 2 相同,先手动在计算机中新建一个 Excel 文件,单击"保存"按钮后,就可以将数据保存到刚才新建的 Excel 文件中,打开该 Excel 文件,可以看到保存在 Excel 文件中的数据。

10.3.4 项目总结

本项目使用了 Microsoft. Office. Interop. Excel 命名空间的相关类实现对 Excel 文件的写操作,但使用这个命名空间有一个条件：必须首先安装 Microsoft . NET Framework,再安装 Microsoft Office 2003。

本项目还可以使用 NPOI 来读写 Excel 文件,POI 是一套用 Java 写成的库,能够帮助开发者在没有安装微软 Office 的情况下读写 Office 96~2003 的文件,支持的文件格式包括 xls、doc、ppt 等。它可以被用于任何商业或非商业项目,但在设计的系统中必须保留 NPOI 中的所有声明信息,对于源代码的任何修改,也必须做出明确的标识,具体使用方法请读者使用"百度"等搜索引擎查阅相关资料。

10.4 综合项目 4 将电压电流数据添加到 Access 文件中

10.4.1 项目要求

在 10.1 节的项目 1 或 10.2 节的项目 2 的基础上进行改进,要求当单击"连接"按钮

时，就接收到数据，将采集到的数据添加到 Access 数据库中，通过"查询"按钮查询历史记录数据，并以曲线形式显示。软件界面如图 10-7 所示。

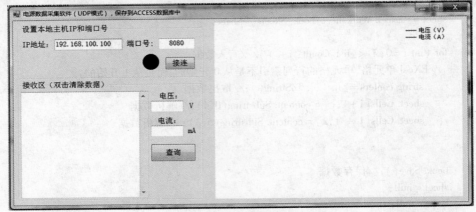

图 10-7　综合项目 3 的软件界面

10.4.2　功能实现与测试

（1）添加所需要的命名空间
using System. Net. Sockets;
using System. Threading;
using System. Net;
using System. Collections;
using System. Data. OleDb;

（2）定义成员变量
private UdpClient_receiveUdpClient = null;
private UdpClient_sendUdpClient = null;
private OleDbConnection_connection;
private OleDbCommand_command;
private bool_isOpen = false;
Thread_threadReceive = null;

（3）窗体加载事件驱动程序
chartCollection. ChartAreas[0]. AxisY. Maximum = 5;//设定 y 轴的最大值
chartCollection. ChartAreas[0]. AxisX. Minimum = 0;//设定 x 轴的最小值
chartCollection. ChartAreas[0]. AxisY. Minimum = 0;//设定 y 轴的最小值

string connectionString = " Provider = Microsoft. Jet. OLEDB. 4. 0;data source = " + Application. StartupPath + " \\voltageCurrent. mdb";
_connection = new OleDbConnection(connectionString);
_connection. Open( );
_command = _connection. CreateCommand( );

（4）"连接"按钮的事件驱动代码
try
{

```csharp
        if (btnConnect.Text == "接连")
        {
            string localIPName = txtLocalIP.Text;
            string localPort = txtLocalPort.Text;

            btnConnect.Text = "断开";
            IPAddress localIP = IPAddress.Parse(localIPName);
            IPEndPoint localIPEndPoint = new IPEndPoint(localIP, int.Parse(localPort));
            _receiveUdpClient = new UdpClient(localIPEndPoint);
            _sendUdpClient = _receiveUdpClient;
            _isOpen = true;//打开网络端口
            osStatus.FillColor = Color.Red;
            _threadReceive = new Thread(ReceiveMessage);
            _threadReceive.Start();//打开线程
        }
        else
        {
            btnConnect.Text = "连接";

            if (_isOpen)
            {
                _threadReceive.Abort();
                osStatus.FillColor = Color.Black;
                _receiveUdpClient.Close();
                _isOpen = false;
            }
        }
    }
    catch (Exception ex)
    {
        MessageBox.Show(ex.Message);
    }

    private void ReceiveMessage()
    {
        IPEndPoint remoteIPEndPoint = new IPEndPoint(IPAddress.Any, 0);

        while (true)
        {
            try
            {
                float voltage = 0.0f;
                float current = 0.0f;

                //关闭 receiveUdpClient 时此句会产生异常
```

```csharp
            byte[] receiveBytes = _receiveUdpClient.Receive(ref remoteIPEndPoint);
            string message = Encoding.UTF8.GetString(receiveBytes,0,receiveBytes.Length);
            voltage = float.Parse(message.Substring(0,4));
            current = int.Parse(message.Substring(5,3));
            txtVoltage.Text = voltage.ToString();
            txtCurrent.Text = current.ToString();
            this.txtRecievedData.Text = message + System.Environment.NewLine + txtRecievedData.Text;
            //将数据添加到数据库中
            string strSql = "insert into vcData(volData,curData) values(" + voltage + "," + current + ")";
            _command.CommandText = strSql;
            _command.ExecuteNonQuery();
        }
    catch(Exception ex)
        {
            //MessageBox.Show(ex.Message);
            break;
        }
    }
}
```

(5) "查询"按钮的事件驱动代码

```csharp
int rowCount = 0;

try
{
    _command.CommandText = "select voldata,curdata from vcData";
    OleDbDataAdapter adapter = new OleDbDataAdapter();
    adapter.SelectCommand = _command;
    DataSet myDataSet = new DataSet();
    adapter.Fill(myDataSet);
    rowCount = myDataSet.Tables[0].Rows.Count;

    double[] _vo = new double[rowCount];
    double[] _cur = new double[rowCount];
    int[] xPoints = new int[rowCount];

    foreach(object series in chartCollection.Series)
    {
        ((Series)series).Points.Clear();
    }

    for (int i = 0; i < rowCount; i++)
    {
        xPoints[i] = i;
    }
```

```
        int index = 0;

        foreach (DataRow row in mydataset.Tables[0].Rows)
        {
            _vo[index] = Convert.ToDouble(row[0]);
            _cur[index] = Convert.ToDouble(row[1]) / 100;
            index++;
        }

        chartCollection.Series[0].Points.DataBindXY(xPoints, _vo);
        chartCollection.Series[1].Points.DataBindXY(xPoints, _cur);
    }
    catch (Exception ex)
    {
        MessageBox.Show(ex.Message);
    }
}
```

(6) 编写接收文本框的双击事件驱动代码

```
txtRecievedData.Clear();
```

参考综合项目 1 或 10.2 节的项目 2 的测试方法下载固件,对实验平台进行相关配置,按图 10-8 所示进行相关配置,单击"连接"按钮,接收、解析数据,不断旋转滑动变阻器,观察上传的数据,单击"查询"按钮时,显示曲线图。

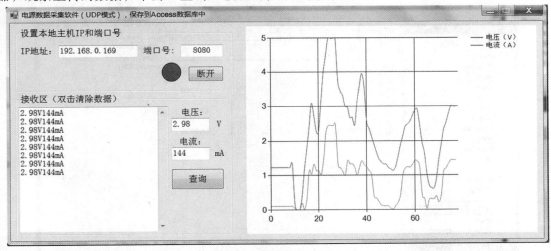

图 10-8 综合项目 3 的测试效果

10.4.3 项目总结

在本项目中使用数据库技术保存数据,在使用 C#进行数据库编程时,要特别注意出现各种 SQL 语句的语法错误原因,在一般的数据库中的应用中,只需要 Connection、Command、DataReader 这三个类,但要 DataReader 对象是一个只往前的对象,不能获取行数。若想获取行数等其他相关内容,则可由 DataSet 这个类的对象得到。

第 11 章 应用程序打包和部署

11.1 应用程序打包的必要性

当用户的计算机上没有 .NET 环境，或 .NET 版本不一致，或没有程序所需的第三方插件，将编译好的软件（.exe 文件）直接复制到用户计算机上是不能正常运行的。为了软件能在用户计算机上正常使用，应该对该应用程序进行打包、发布等工作。

Visual Studio 2010 中部署工作建立在 Windows Installer 的基础之上，可以迅速部署和维护使用 Visual Studio 2010 生成应用程序提供丰富的功能。

本书以多点 LED 控制软件安装程序设计为例。

11.2 应用程序打包和部署示例

Step1　在 VS2010 选择"新建项目"→"其他项目类型"→"Visual Studio Installer→"安装项目"，并将安装项目命名为 LEDcontrollerSeup。操作如图 11-1 所示。

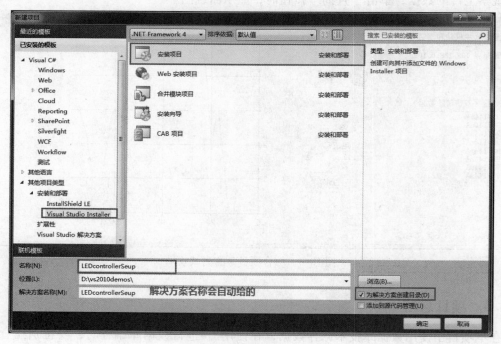

图 11-1 新建安装项目

在安装项目中，有图 11-2 所示的三个文件夹，分别如下。

1)"应用程序文件夹"表示要安装的应用程序需要添加的文件。
2)"用户的'程序'菜单"表示:应用程序安装完,用户的"开始菜单"中显示的内容,一般在这个文件夹中,需要再创建一个文件用于存储:应用程序.exe 和卸载程序.exe。
3)"用户桌面"表示:这个应用程序安装完,用户的桌面上创建的.exe 快捷方式。

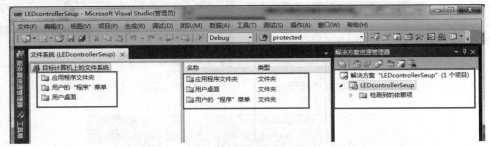

图 11-2 安装程序文件夹

Step 2 应用程序文件夹中用鼠标右键单击,添加要打包的可执行的应用程序文件,需要添加的文件一般是已经编译好的应用程序的 debug 目录下的文件(.exe),操作步骤如图 11-3~图 11-5 所示。

图 11-3 添加要打包的应用程序文件操作一

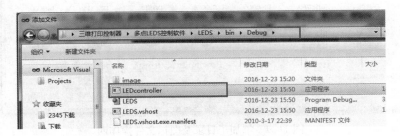

图 11-4 添加要打包的应用程序文件操作二

图 11-5 添加要打包的应用程序文件操作三

Step 3 在应用程序文件夹中添加子文件夹,并命名为"images",在目录"images"目录下添加图标文件,操作步骤如图11-6~图11-10所示(若使用默认图标,此步骤可以省略)。

如果 debug 下面有子文件夹则需要"添加文件夹",例如:image。

图11-6 添加子目录及图标文件操作一　　　　图11-7 添加子目录及图标文件操作二

图11-8 添加子目录及图标文件操作三

图11-9 添加子目录及图标文件操作四

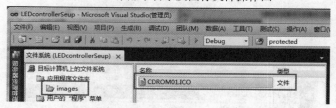

图11-10 添加子目录及图标文件操作五

Step 4 选择系统必备项目。

在创建的项目名称(LEDcontrollerSeup)上单击鼠标右键选择"属性",选择"系统必备",然后选择.NET 的版本和 Windows Installer 2.1(可选项),选择"从与我应用程序相同的位置下载系统必备组件",这样安装包就会打包.NET FrameWork,在安装时不会从网上下载.NET FrameWork 组件,但是安装包会比较大。操作过程如图 11-11 ~ 图 11-13 所示。

图 11-11 选择系统必备项目操作一

图 11-12 选择系统必备项目操作二

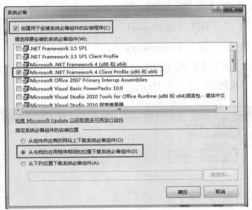

图 11-13 选择系统必备项目操作三

Step 5 设置软件启动条件。

VS2010 发布.NET4.0 的版本,在创建安装程序时,需要设置启动条件。设置软件启动条件过程如下。

1) 查看.NET 版本,如图 11-14 和图 11-15 所示。

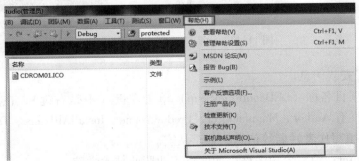

图 11-14 设置软件启动条件操作一

197

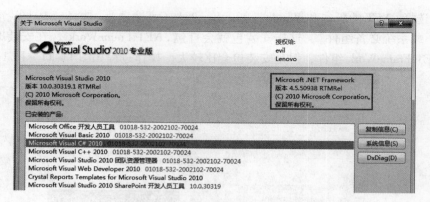

图 11-15　设置软件启动条件操作二

2）在项目名称（LEDcontrollerSeup）上，单击鼠标右键选择"视图"→"启动条件"，在"启动条件"中，单击".NET Framework"在 Version 上面选择.NET Framework 3.0，与所使用的.NET 版本相同，操作过程如图 11-16 和图 11-17 所示。

图 11-16　设置软件启动条件操作三

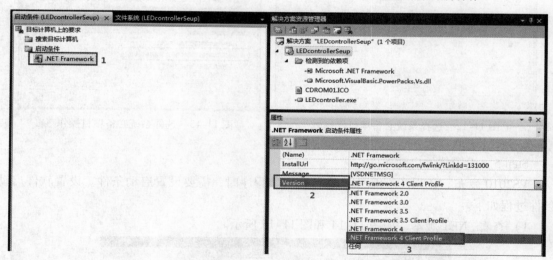

图 11-17　设置软件启动条件操作四

Step 6　设置安装信息。

选中创建的项目名称（LEDcontrollerSeup）单击左键（不是右键），在属性栏中设置相关属性，主要属性有 Author、Manufacturer、ProductName、InstallAllUsers、TargetPlatform。

1）Author：填写作者姓名等信息，如李从宏。

2）Manufacturer：填写公司名称，如南京工业职业技术学院。

3）ProductName：填写应用程序的名字，如 LEDcontrollerSeup。

4）InstallAllUsers：设置安装权限，当设置为 true 时，在安装时会默认为"任何人"，否则默认为"只有我"，一般设置为 true。

5）TargetPlatform：选择软件运行平台，有 x86、x64 和 Itamium 三种选择，这三种选择的含义如下。

① x86：将程序集编译为由兼容 x86 的 32 位公共语言运行库运行。

② Itanium：将程序集编译为由采用 Itanium 处理器的计算机上的 64 位公共语言运行库运行。

③ x64：将程序集编译为由支持 AMD64 或 EM64T 指令集的计算机上的 64 位公共语言运行库运行。

操作过程如图 11-18 所示。

Step 7　设置安装路径。

单击"应用程序文件夹"，在属性栏中可以看到 DefaultLocation 属性，如图 11-19 所示。

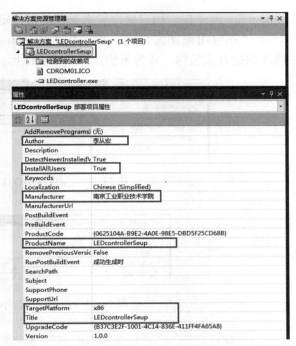

图 11-18　设置安装信息

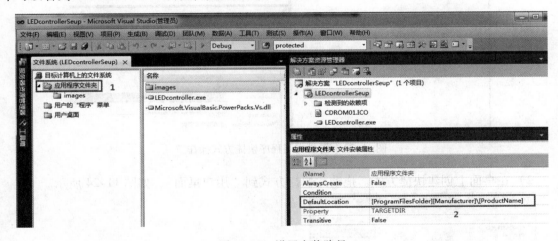

图 11-19　设置安装路径

图 11-19 共分成三部分：ProgramFilesFolder、Manufacturer 和 produceName。其中：

1）ProgramFilesFolder：表示系统主目录（默认 C：\Program Files）。

2）Manufacturer：在 Step 6 中填写的公司名称。

3）produceName：在 Step 6 中填写的应用程序名称。

在安装时就会创建 ProgramFilesFolder 和 Manufacturer 两层的文件路径。若删除 DefaultLocation 中的：［Manufacturer］，则只有应用程序的名称。

Step 8 创建在"用户桌面"上显示的带自定义图标的应用程序快捷方式。

1)"在应用程序文件夹"中选中 LEDcontroller.exe 文件,单击右键,创建快捷方式,并修改快捷方式名称,并为该快捷方式设置图标,操作过程如图 11-20 ~ 图 11-23 所示。

图 11-20 创建应用程序快捷方式操作一

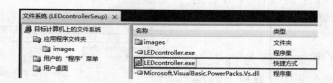

图 11-21 创建应用程序快捷方式操作二

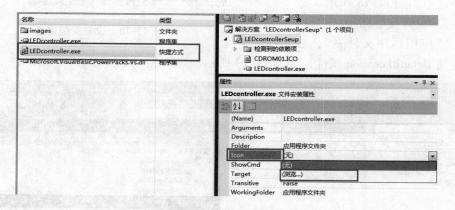

图 11-22 创建应用程序快捷方式操作三

2)在桌面上创建快捷方式。拖动此快捷方式到"用户桌面",如图 11-24 所示。

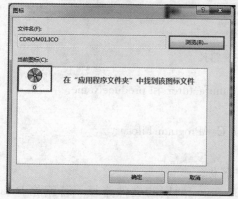

图 11-23 创建应用程序快捷方式操作四

图 11-24 添加桌面快捷方式

Step 9　在用户的"程序"菜单中创建有子目录的带自定义图标的应用程序快捷方式。

1)"用户的'程序'菜单"中添加一个文件夹，命名为"多点 LED 控制软件"，操作如图 11-25 和图 11-26 所示。

图 11-25　在用户"程序"中创建快捷方式操作一　　图 11-26　在用户"程序"中创建快捷方式操作二

2)以同样的方式创建 LEDcontroller. exe 文件的一个快捷方式，拖动到"多点 LED 控制软件"目录中，操作如图 11-27 所示。

Step 10　创建 . NET 应用程序的卸载程序。

图 11-27　在用户"程序"中创建快捷方式操作三

将"C：\ Windows \ System32 \ Msiexec. exe"文件复制到其他任意目录下，再将该文件添加到"应用程序文件夹"中，创建快捷方式并重命名为"卸载"，并放在"多点 LED 控制软件"目录中，操作如图 11-28 ~ 图 11-30 所示。

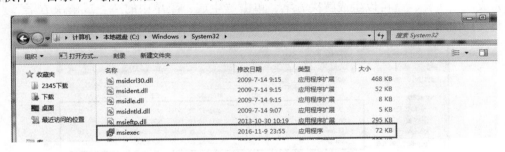

图 11-28　创建应用程序的卸载程序操作一

图 11-29　创建应用程序的卸载程序操作二

Step 11　设置卸载程序的属性。

单击项目名称（LEDcontrollerSeup），在属性中找到 ProductCode 属性栏，复制该属性值，粘贴到"卸载"快捷方式的 Arguments 属性，前面加/x 空格。操作过程如图 11-31 和图 11-32 所示。

图 11-30　创建应用程序的卸载程序操作三　　　　图 11-31　设置卸载程序的属性操作一

图 11-32　设置卸载程序的属性操作二

Step 12　生成解决方案。

完成以上步骤,就可以生成解决方案,单击"生成"菜单中的"生成解决方案",生成的安装文件如图 11-33 所示。

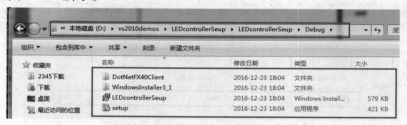

图 11-33　生成解决方案操作

Step 13　安装应用程序。

用鼠标右键单击"setup.exe"文件,选择"以管理员身份运行"安装文件。安装成功后在开始菜单中有"电子测温系统数据采集"的文件夹,里面有创建的两个快捷方式,桌面上也有快捷方式,分别如图 11-34~图 11-36 所示。

图 11-34　安装、部署　　　图 11-35　安装、部署应用程序操作二
　　　　　应用程序操作一

图 11-36　安装、部署应用
程序操作三

Step 14　测试应用程序。

打开 LEDController 应用程序，给实验平台下载好固件，对应用程序设置好参数进行测试，测试结果如图 11-37 所示。

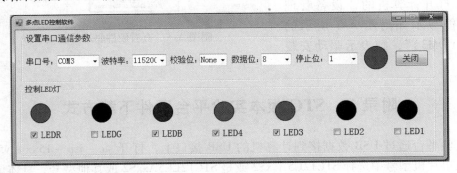

图 11-37　测试应用程序

附　　录

附录 A　安装实验平台驱动程序

选中 ch341ser.exe 文件，用鼠标右键单击，选择"以管理员身份运行"模式安装驱动程序，将实验平台通过 USB 数据线接到计算机的 USB 接口上，打开计算机的"设备管理器"，若能显示如附图 A-1 所示的"端口（COM3）"，则表示驱动安装成功。

附图 A-1　查看硬件驱动是否安装好

附录 B　STC 版本实验平台固件下载方式

将实验平台通过 USB 数据接到计算机的 USB 接口上，打开 stc – isp – 15xx – v5.84.exe 软件，在单片机型号中选择 STC12C5AxxS2 或是 STC12LE5AxxS2 或其他型号，具体请看实验平台 CPU 的型号。选择要下载的固件，单击下载编程，等待大约 30 秒，就可以看到操作成功的信息。操作过程分别如附图 B-1～附图 B-5 所示。

附图 B-1　根据实验平台选择单片机型号

附图 B-2　打开要下载的单片机固件程序操作一

附图 B-3　打开要下载的单片机固件程序操作二

附图 B-4　单击"下载"按钮，下载固件

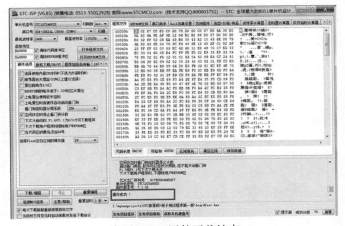

附图 B-5　固件下载结束

特别注意，本实验平台一般使用 STC12C 系列和 STC12LE 系列单片机，STC12C 系列单片机工作于 5.0V 电压，STC12LE 系列单片机工作于 3.3V 电压，故在做电流数据采集时，请根据实验平台上的具体单片机下载不同的版本的固件，如 STC12_AD_ClientOrUDP_5V0.hex 表示是用于 STC12C 系列单片机，STC12_AD_ClientOrUDP_3V3.hex 则表示是用于 STC12LE 系列单片机。

参 考 文 献

[1] 陈振，高海波. Access 数据库技术与应用［M］. 北京：清华大学出版社，2015.
[2] 明日科技. SQL Server 从入门到精通［M］. 北京：清华大学出版社，2012.
[3] John Sharp Visual C#从入门到精通［M］. 周靖，译. 北京：清华大学出版社，2016.
[4] 明日科技. Visual C#从入门到精通［M］. 北京：清华大学出版社，2012.
[5] 何波，傅由甲. C#网络程序开发［M］. 北京：清华大学出版社，2014.
[6] Eugene Agafonov. C#多线程编程实战［M］. 黄博文，黄辉兰，译. 北京：机械工业出版社，2015.
[7] 杨东霞，秦俊平. C#. NET 程序设计案例教程［M］. 北京：机械工业出版社，2012.
[8] Jason Price. C#数据库编程从入门到精通［M］. 邱仲潘，等译. 北京：电子工业出版社，2003.